隱形賽局

揭開運動產業議題的真相

曾荃鈺、歐嘉竣 著
婁華誠 繪

致謝

這本書，獻給每位熱忱投入的體育圈夥伴，知道真相卻依然持續耕耘，謝謝你們陪伴圓桌體育大會走過三年的時間；也要感謝愛我們的耶穌，在祢裡面凡事都有可能，讓我們能持續向前奔跑，祝福更多喜愛體育的人。

目錄

PART 1

身與心的修練：運動員的真實自剖

PART 2

超越場上的競技：商業運動的隱藏角色

PART 3

科技、文化與未來：運動的多元面貌

結論

「圓桌體育大會」，用多元運動時事，擴張我們看世界的角度

推薦序

助你圓夢

黃健庭　前台東縣長

在台東長大的我，從小就熱愛運動，到台北念大學，加入政大手球隊，報名校內田徑比賽；最擅長的項目是跳欄，曾經多次拿下一百一十公尺高欄、四百公尺中欄金牌，被升學壓抑已久的運動細胞，瞬間全部活躍起來，競技壓力激發出的爆發力，讓我在比賽中盡情挑戰自我。

我沒有足夠的天賦成為專業運動員，但擔任台東縣長讓我有機會，以另一種方式為我所愛的運動做出貢獻。台東是人口小縣，卻是運動人才輩出的體育大縣，不只出了紅葉少棒，亞洲鐵人楊傳廣，職棒選手郭源治、張泰山、陽岱鋼，奧運舉重銅牌郭婞淳等優秀選手，都是台東子弟。台東人愛運動是天生的，而政府的責任是營造更好的運動環境和風氣。

我於二〇〇九年擔任台東縣長，懷抱著要讓台東體育有更好發展的使命，積極推廣運動、加強人才培育，把營養午餐排富節省下來的部分經費，用於改善體育設施，增設專業教練職缺，同時結合民間企業提供移地訓練資源。種種努力，讓台東在全國各級運動會取得佳績，並在「全國運動城市調查」中，獲選「最喜歡運動」及「運動環境最友善」的雙料冠軍。

自然環境優美的台東，有舉辦體育休閒活動的絕佳場地，我規劃舉辦鐵人三項及衝浪國際賽事，讓台東成為鐵人三項和自行車運動勝地，國內外旅人的衝浪天堂；加上熱氣球嘉年華，台東海陸空域都有吸引人的活動，運動產業與地方緊密連結，互為發展助力。

從喜愛運動，到推展運動，我特別知道在台灣要從事運動工作有多不容易。《隱形賽局》這本「運動產業議題讀本」讓人驚豔，歐嘉竣與曾荃鈺兩位最了解台灣運動及產業趨勢的作者，以議題導向，深入淺出全方位引導讀者進入體育的世界，即使未親臨他們所創設的「圓桌體育大會」現場，也能跟著專家們的思路，思考、學習，吸收新知，助自己在喜愛的運動產業中，找到一片天。

四十多年前，喜愛運動的我未能選擇體育這條路，現在的大環境已比過去成熟許多，書中針對運動員所遭遇的難題，如何提升自我成長等，都有詳盡的解說，並帶領讀者，認識商業運動運作及運動科技、文化的發展，以更開闊的新視野看待體育產業。若當年有這樣一部「寶典」指引，或許我也會投身運動產業。喜愛運動的你，讀了這本書之後，相信更能抓準目標前進，為自己圓夢，如奧運柔道銀牌選手楊勇緯所說，在你所熱愛的世界裡發光！

推薦序

來一段非運動員的運動產業探索之旅

張樹人　職籃PLG新竹攻城獅球團總經理

從小我就沒有運動細胞，很難想像出了社會居然一路都在運動相關的職場。體育項目雖然是自小念書最不被重視的環節，沒想到卻成為我人生最不可或缺的重心。

國中時期迷中華職棒，同學們晚自習都在聽《大家說英語》，我就偷偷轉開廣播聽棒球；高中時期迷NBA，芝加哥公牛在M. Jordan帶領下二度三連霸，相關的事蹟紀錄都能如數家珍；出社會後第一份工作很幸運的進入緯來體育台，那兩年多不管是播報新聞或賽事，絕對是人生中最美好的時光。後來赴美念書要申請學校，運動仍然是我起心動念的理由。我在申請書自傳上第一段寫道：「當二〇〇八年北京奧運韓國棒球隊拿下金牌，在五棵松的投手丘插上太極旗，主播蔡明里先生說，中華棒球隊一定會有這一天，而我對此深信不疑。」雖然我沒有運動天賦可以幫助台灣的任何一項運動，但我相信透過學習運動產業相關知識，從選手養成、球隊經營，到賽事行銷、宣傳報導等等，一定可以幫助運動產業茁壯，屆時匯集更多資源及人材，國家體育成績自然可以跟著提升。

在美求學的兩年多時間，只要課業準備許可，我總是開著車到處去看職業賽事，浸淫在美國成熟的運動文化下，抱著取經的心態，幻想著有一天如果我投身運動產業相關工作，我可以怎麼做得與眾不同，除了讓賽事的包裝更精采，最主要還是希望觀賞賽事、參與運動能成為台灣人生活的一部分，這種運動文化養成需要時間，但如果能做得到，就不會是現在台灣高度仰賴國際賽成績的淺碟市場，當運動成為生活習慣的一部分，勝負就不是影響參與意願的必要條件，我們會更開放心胸去欣賞運動在勝負以外的美好，發現更多感動人心的故事，也唯有這樣，我們才會開始懂得尋找灌溉運動產業的資源，向下扎根，讓運動在台灣有蓬勃發展的可能。

在偶然的機會下認識了嘉竣與荃鈺，也非常榮幸參與過圓桌體育大會的對談，非常驚豔這個體育論壇的廣度與深度，更開心看到圓桌體育大會的內容出版成書，無論是與運動員本身相關的論述，或是與運動相關商業模式的研討，甚至運動未來的多元面貌，內容廣博而扎實，非常推薦給有志投身運動產業的你我他，希望有一天，台灣的運動產業也能像美國一樣，成為青年學子投身職場首選的目標之一。

推薦序

讓圓桌體育大會，陪你看見體育的多元樣貌

楊幸鈞　一一一年師鐸獎獲獎教師

二〇二〇年五月二十日，圓桌體育大會應運而生。當時，台灣正處於疫情爆發之中，全國學生們被迫轉向線上課程。對於許多體育老師來說，這突如其來的變化帶來了許多焦慮和無助。但每週都有一段時光，是大家可以一起在線上開著鏡頭聚在一起，分享對於體育時事主題的心得。這是圓桌體育大會為所有熱愛體育的人們創造的交流平台，幫助我們在防疫焦慮中找到自己的平衡，並且思考如何在疫情期間繼續傳遞體育知識給學生。那段每週晚上潛水在圓桌體育大會的時光，可說是療癒身心。也是我第一次被邀請當節目來賓，荃鈺約我上去聊聊關於體育教學如何突

破框架的想法，這大概是我和荃鈺、嘉竣與華誠開始熟識的起點。

圓桌體育大會有一個群組，是嘉竣、荃鈺及華誠每天在討論體育議題的地方，在某一次和他們聊天的過程中，我也成為這群組裡的一員，我大概是唯一能見證他們如何每週創造各種新議題的人。每週，他們都會花一到兩個小時在視訊討論上，通常是在晚上十點左右，我常心想，怎麼都不用睡？除此之外，他們每天都不斷分享最新的體育新聞報導，所以我在那群組裡面，根本是獲得一週體育新聞大事懶人包。

去年底，他們再次邀請我成為節目的來賓，嘉竣說：「我們想做一個兩年的總回顧，然後休息一下，為寫書做準備。」儘管疫情已經結束，但圓桌體育大會並未停止。他們仍然每週一次以線上方式討論體育議題，不斷優化和更新節目內容。他們的討論內容不僅限於具體的體育知識，更關注背後的精神和態度。透過生活實例和淺顯易懂的方式，他們試圖讓所有人，無論是否懂體育的大人、學生，都有機會透過這些體育相關議題去體會生活態度。他們不只是一群熱愛體育的人，他們也具備媒體識讀能力，所以總是謹慎且細膩的討論著，如何以更客觀且有意義的觀點，引導閱聽者看到每個議題背後值得反思的意義。

「專心做好一件小事，就是成就一件大事」這是我想為這本書寫下代表的一句話，他們一直默默地努力著，讓體育議題以一種未曾有過的方式被集結呈現，每個主題都令人感到驚喜和啟發，看到的時候會想說：「對呀！體育還有這一塊很值得討論學習耶！」謝謝你們沒有停下腳步，也謝謝你們總是以深思熟慮的方式看待每一則體育議題，也因此我們現在能夠好好坐下來，透過這本書就能看見體育的多元樣貌。相信這只是個起點，祝福你們，也期待你們的下一步！

推薦序

球場外的圓桌武士

石恩亞　NBA籃球YouTube 10N觀點

一想到體育世界，你腦中會浮現何種景象呢？是在銀幕後璀璨閃耀的NBA球星嗎？或是身披國旗為國爭光的運動好手？也可能是四年一度令人瘋狂的世足賽彩券？還是黑豹旗選手，稚嫩卻堅毅的神情？

這些，都可以是人們對體育或運動員的印象和輪廓。然而，體育不僅於此。在球場的背後，隱匿著複雜的社會問題和多元的跨領域專業，這些對坐在電視前的我們而言，是難以想像的。

運動員在場上發散光芒的瞬間，令人讚嘆不已，然而你是否曾想過，是哪些人為鎂光燈下的運動員提供了堅強的支持？

當選手受傷時，專業防護團隊成為最可靠的後盾；當選手情緒低潮時，運動心理治療師協助他們走出困境；熟悉運動術語的英語教師，提升選手的語言能力，助其跨足國際舞台；數據分析師默默地提供資訊，讓選手找到改進之道……

這些幕後英雄，都不是運動員。

然而，他們卻是不可或缺的一環。

由嘉竣與荃鈺創立的「圓桌體育大會」，旨在探討這些體育場外的大小事，這些因素可能不引人注意，卻極其重要。正是這些細節的存在，構成了我們心目中光彩奪目的體育世界。

當球員和球隊陷入合同糾紛時，他們找來運動經紀人和法律專家，協助觀眾釐清事件，並提供法律專業知識；當有人開始辯論啦啦隊是否對棒球比賽產生影響時，他們迅速邀請專家分析探討其利弊；他們曾與ＮＢＡ級球探進行對談、向職業球隊總經理學習運動管理的經驗；他們也關心運動行銷、運動設計、運動在地化、運動彩券等等……

「圓桌體育大會」關注所有與體育相關的事物，這也是《隱形賽局》欲傳達的價值，體育並非僅限於場上發光發熱的選手。透過多元的視角深入探討，我們將能夠看到更宏觀的運動世界。

每次與嘉竣和荃鈺交流時，總能感受到他們對運動產業的熱情，他們真正熱愛體育，並將這份熱情轉化為有意義的行動。希望每個人都能懷著這樣的精神，成為讓台灣體育生態變得更加健全的「圓桌武士」！

推薦序

身心鍛鍊，翻轉孱弱！

張琦雅博士　中原大學商學院企業管理學系兼任客座副教授

「東亞病夫」(Sick man of East Asia) 一詞，曾是英國人用以嘲諷貪腐無能、政風敗壞的晚清政府。然而，清末「戊戌維新變法」領袖之一的梁啟超先生及一群優秀愛國志士，刻意融合中國民族主義與西方「進化論」思維，倡議、鼓舞中國人應該鍛鍊強健體魄，擺脫孱弱體質，翻轉「東亞病夫」的惡劣形象。事實上，近代實證研究指出，體能鍛鍊確實可強化「自我效能感」，進而影響主觀幸福感與生活滿意度！

二〇二一年，國際環境研究與體質期刊（*International Journal of Environmental*

Research and Public Health）刊登了一篇針對中國兩所綜合大學八百二十六名學生，進行一項體能鍛鍊、自我效能感、情緒智商與主觀幸福感關聯性的實證研究。結果證實，大學生們積極參與體能鍛鍊可直接提升主觀幸福感；其次，體能鍛鍊還可藉自我效能感、情緒管理與情緒運用能力之增強，間接影響主觀幸福感與生活滿意度。

二〇二三中秋節前夕，我的教會好友嘉踆邀請我為他們即將推出的新書寫序。嘉踆與我的好友前台東縣長夫人怜燕相識多年。在二〇二二年外子張善政博士競選桃園市長期間，怜燕與嘉踆，在無數個主日聚會的相聚時刻裡，陪伴我禱告，為桃園市民祝福。

嘉踆對運動充滿熱情，從小訓練桌球，拿過大專盃團體全國第四的佳績，到最近都持續在場上競技，更曾經夢想著有朝一日，成為國家級運動選手！現在的他則是開啟斜槓人生，透過關心體育議題，持續深耕體育領域。反觀我的運動參賽紀錄就乏善可陳了！小學階段只獲得一百公尺短跑、跳高、跳遠的亞軍與季軍。雖然體育細胞普通，但我從小喜好羽球，到現在依然持續參與，近期也加入小學生團隊及身障人士們的公益友誼賽，更是畢生難忘的經驗！

如果，您和我一樣，曾在半夜起床，抱著棉被，與家人們擠在電視機面前，為棒球賽整晚未眠，為選手們嘶聲力竭地喝采、加油！那麼，這一本由嘉竣與荃鈺聯袂完成的新著作絕對值得大家閱讀，這本書包含解剖運動員身、心、靈發展議題，探究多元豐富的運動產業發展，並分析科技如何加持運動、構思地方創生與世界級運動賽事關聯性，甚至，擘劃運動相關領域的整體未來發展，將會成為您我之間，認識體育產業的最佳媒介！

作者序
不懂遊戲，就先出局

歐嘉竣　圓桌體育大會共同創辦人

「讓興趣成為生涯的一環！」適性揚才，選其所適，在現在的教育觀念中已經漸漸成為主流價值，學習自己喜歡的領域，絕對可以提升學習動機以及觸發更多發展可能性。國內職業棒球成立已經超過三十個年頭，棒球更稱為台灣的國球，每到國際賽事以及關鍵戰役，甚至能席捲媒體頭版，也凝聚國人向心力，可見大家為運動瘋狂已經不是一兩天的事，同時，伴隨二〇一七年台北世大運舉辦以及近年國內體育賽事能見度大增，讓自己的興趣——體育，成為生涯的選擇，也開始躍上檯面，許多人都開始把目光投注到運動產業，希望自己能有所發展。

但放眼望去，在國中、高中、大學校園，我們有多少機會認識運動產業的面貌？透過課堂、講座或實習機會，我們大多接觸到的可能是商業金融、公務體系、醫療生技或是教育師培等領域，而且在這樣的接觸面下，我們在進職場前可能都還對這些領域一知半解，更何況是在我們學習生涯中鮮少出現的體育產業呢？球場上看得很熱血，但進入產業卻是完全不同的世界，在這樣的資訊落差下，這就是一場「隱形賽局」，而這本「運動產業議題讀本」，就是為了幫助想讓體育成為生涯一環的各位，以台灣二〇二〇年後國內以及全球體育事件出發，面向涵蓋許多運動週邊產業重大議題，包括球團管理、運動經紀人、品牌行銷、「壯世代」體育參與、性別平等、在地創生、心理健康、運動科技等主題，希望閱讀完這本書，每個人都可以用新的視野看待體育產業，抓準目標繼續前進。

體育生涯發展就是成為選手？教練？老師？

談到體育的生涯發展或是夢想，你想到什麼？問問你身邊的朋友，會聽到最多的可能是當職業選手，想在場上競技奔跑；問問父母，會聽到的可能是考教師證，去學校當老師，生涯薪資都相對穩定。但，事情真的會如同你想像的一樣嗎？國內職棒選手平均壽命是五年，更遑論許多人連踏上舞台的機會都沒有；擁有教師資格就會穩定？少子化的時代來臨，學校面臨衝擊，產生流浪教師增加的問題，不斷地代理卻沒有正式教師的空缺真的是你能接受的生活嗎？體育生涯規劃沒有那麼簡單。

這是最壞的時刻，卻也是最好的時代，抓住社會的脈動以及議題的走向造就時代的人物，而在閱讀這本書的你，我相信這會是一個開始，從不讓自己在比賽中出局開始，最重要的是，你需要了解這場比賽的規則，要在賽場得勝，就不能憑藉自己的想像，否則就會全盤皆輸。

我從四歲開始打桌球，小學一年級因為爸爸帶我進場看棒球開始成為忠實的兄弟象迷，小學四年級跟朋友在籃球場打鬧而愛上籃球，但家人告訴我，就讓體育成為工作之餘的興趣吧，因為你不可能成為選手！走體育未來也沒有前景！但熱愛體育的我無法忘懷體育，雖然在大學就讀政大地政系，但跟大多去考公務人員的同學不同，我因為熱愛體育，創立了校外體育系，從經營品格籃球教學開始，畢業後也應徵上運動行銷公司工作，本以為從此以後我就可以得償所願的參與體育賽事、活動經營，跟在場邊看球或在場上競技的我一樣熱血，但，沒有搞懂比賽規則的我就這樣摔了一跤。

跟愛迪達、NBA一起開會聽起來很酷吧？但你知道要辦一場球星見面會或是體育賽事需要多少事前預備嗎？（請閱讀本書二―二「如何萃取運動中的IP，做好運動行銷？」）面對超出自己想像的工作面向，我承認自己被震撼教育了一番，包含後來校外體育系自己辦比賽或是活動，從場地到財務以及公關行銷，林林總總的面相讓我意識到想以體育作為生涯規劃的一環，不能只憑滿腔熱血，而是斜槓能力。

培養斜槓力——從理解議題開始

「科技來自於人性」，這是過去知名手機大廠的經營理念，意思就是我們所做的每個決定都要立基在「人」的需要上，運動產業亦是如此！運動產業雖然多元，但核心其實還是來自於競技場，許多的產品或是專案都是從運動員身上出發，因此，你需要理解運動員的生活到底正在發生哪些事？你知道國家選手在國訓中心的待遇嗎？你知道運動員面對的心理壓力是什麼嗎？你知道運動員跟贊助商之間的關係嗎？這些議題都不是只進場看球、上場打球就能學會的東西，而這些議題卻是我們要走入運動產業當中的先修課，因為人很容易從自己的生活經驗來解讀自己關心的領域，也因此會產生判斷偏誤，如果我們不去理解這些體育議題，我們又怎麼知道該如何進行生涯規劃呢？

斜槓力不是每件事情都要專精，關鍵是要培養宏觀的視野，綜合這些理解做出最好的判斷！你可以把體育想像成一個載體，在這個載體之中，可以結合媒體、科技、教育、創業、潮流文化，我稱這些領域為「五新」，「五新」正是這個新創大爆炸世代的關鍵領域，而「五新」結合體育就會產生運動產業生態圈，也就代表著工作機會以及職涯發展，所以，提早理解議題，提早進場，就可掌握先機。

滿載裝備準備出航

運動員要在競技場奪牌取勝，需要靠著日常不懈的訓練，而我們也一樣，如果想讓體育成為生涯的一環，就從現在開始，閱讀議題，努力尋找跟運動產業的接觸點，當然，每週四晚上的「圓桌體育大會」也是一個非常好的機會！期待閱讀完這本書的大家能夠像火箭的推進器填滿燃料一樣，蓄勢待發，為自己能走入運動產業、規劃自己的生涯做好準備！

作者序

我們為何需要一本運動產業議題的讀本？

曾荃鈺　圓桌體育大會共同創辦人

你是否曾經在看完一場緊張刺激的NBA籃球賽後，心中對其中的戰術、策略感到震驚，甚至對滿場觀眾的商業賽事充滿好奇？你是否也對於台灣選手出賽時為何不能舉國旗加油感到困惑？為何奧運會的舉辦城市總是引發爭議？為什麼一名足球員需要賣出天價的轉會費？當你開始提出這些問題時，你就已經走在議題探究的道路上了。

這本「運動產業議題讀本」，以台灣二〇二〇年後國內以及全球體育議題出發，面向涵蓋許多運動週邊產業重大議題，包括球團、經紀人、啦啦隊、運動禁藥、贊助商、品牌行銷、性別平等、科技裝置、球探、勞資糾紛、電競運動、心理健康等，討論議題其實是走向理解的第一步，這本書希望能為熱愛體育的人提供一個新的視角，讓學生們在享受比賽的同時，訓練他們如何在不同的觀點中取得平衡，也同時透過關注議題成為一個全球公民。

體育人了解不同觀點為什麼很重要？

你肯定聽過「瞎子摸象」的故事吧！每個人對於這個神祕未知的生物「大象」，站在各自的角度胡亂瞎摸一通，各自都堅持自己的觀點爭論不休，但其實觀點都只是大象整體形象的一部分而非全部，就像是我們每天追的體育新聞，其實也都只是賽事或整體運動事件的部分觀點，且受限於新聞篇幅，很多脈絡都被捨棄，甚至還有各媒體電視台傾向的立場，就像故事中的瞎子一樣，只有組合多元的觀點，才能夠更完整理解「大象」的形象。

熱愛運動的你，是否曾經為了了解更多關於你所喜歡的運動，而去探索那些看

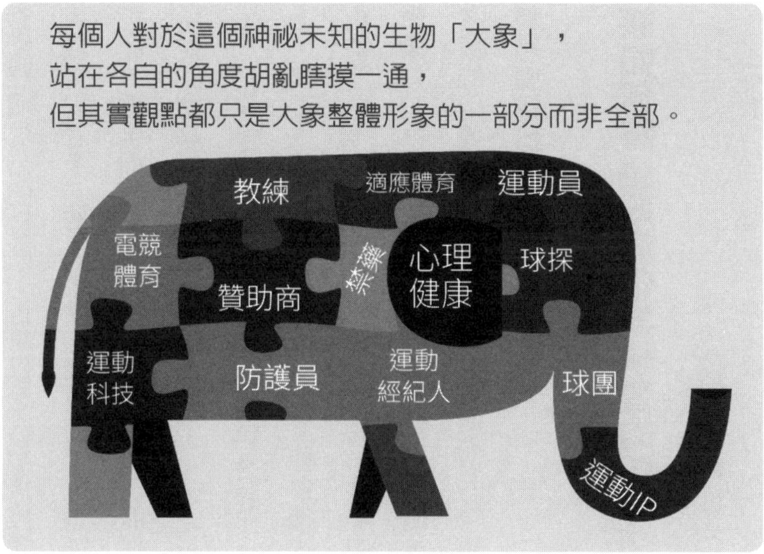

似平常卻又充滿深意的體育議題呢？你是否曾想過用不同視角來看球員如何訓練？球員怎麼面對每天的練習？球團對球員又有何期待？同一場賽事，從選手、教練、觀眾、賽事主辦方等不同的角度去看，你會發現每場比賽都是多元觀點的交織，就好像是萬花筒，每個角度都能看見不同的風景。

運動從來就不只是運動，如果你懂得運用議題思考，就能夠跳脫賽場上的快速反應與直覺決策，更深入地去探討運動背後的趨勢與脈絡。一場比賽可以跟地方創生結合影響整個城市的發展，也可以融合AI科技穿戴裝置預測選手身體的疲勞狀況。體育人懂得思考多元觀點，就如同擁有了一張完整的比賽地圖，能夠有策略地開啟無數可能，更全面的探索事件背後的真實，而你愈懂得運用議題思考，也將更能理解你所愛的運動，進而更深的投入其中。

我覺得體育人來思考議題是再合適不過了，怎麼說呢？因為思考在某種程度上，其實也算是個「體力活」，但社會議題的討論較多，針對體育的議題討論卻是相當罕見，運動產業要能擴大格局，產業中的運動員甚至到每一個人，都需要更有想像力，「運動產業議題的讀本」不僅僅是一本書，更是一個提供體育人養成思考習慣的引導工具，幫助我們洞察事情的全貌，看到每一個問題背後的深層結構，從議題中找出多贏的可能解法。

該如何將議題轉化為學習的養分？

如果已經發現對一個議題感到好奇，自己也找尋了不同觀點的資料後，該怎麼延續往下讓這些觀點可以成為學習成長的養分呢？圓桌體育大會討論議題的三個方法，或許可以提供給初學議題討論的夥伴們一些參考。

一、多元提問，尋求真相：

以運動經紀人為例，我們首先可以提出客觀的問題：「運動經紀人的工作內容是什麼？」然後挑戰自己的認知，進行反面提問：「如果沒有經紀人，運動員會發生什麼狀況？」再深一層的追問，看有沒有一些特例或限制，例如：「經紀人的角色在不同運動項目中是否有變化？又有哪些部分是不變的？」透過這樣多元的提問，將能更深入議題的核心。

二、兼容觀點，同理共鳴：

以選手與贊助商關係為例，兩個完全不同的立場，當我們和企業家交流討論時，可能先聚焦在「企業如何透過贊助選手提升品牌形象」，但如果是與運動員交流時，則可以從「贊助如何影響運動員的訓練與比賽」入手。透過了解不同對象關心跟在乎的點，就能喚醒共鳴，找出共通點，讓討論持續延伸下去。

三、輸出觀點，檢核學習：

我們圓桌體育大會的議題討論與製作，都是以輸出為前提，這表示什麼呢？其實如果你是以輸出觀點為前提來構思討論內容，其實輸入也會跟著改變，這在心理學上稱為「柴嘉尼效應」，當我們以運動禁藥為何難以被遏止的觀點進行資料蒐集，這時無論是來賓的邀請、議題的提問書寫跟資料蒐集都會跟著改變。每次的討論不會是最終的事實，也有可能只是聚集了部分事實的觀點，但卻可以透過資料蒐集、會議討論、直播影像跟文字書寫的方式，再次核對確認，在這個過程中，我們不僅能夠釐清自己的想法，加深對議題的理解，還同時分享了知識，由此可見，輸出真的才是最好的學習呀！

人生並沒有標準答案，但是議題思考能幫助我們找到屬於自己的答案

選手要能站上運動場，需要先做好有氧跟肌耐力訓練，在議題思考上也同樣需要受訓練，運動場上不只有冠軍的競爭，圍繞運動的眾多議題也像是一場充滿熱血思考的冒險旅程，人生沒有標準答案，每個人都是在旅程中尋找自我，而議題的思考，就是這場冒險的羅盤，幫助我們從感興趣的體育議題開始，找到屬於自己的答案，也只有當我們擁有自己的觀點時，我們才有力量去捍衛它，才有勇氣做出選擇，才會找到志同道合的人，一起做出心中渴望的改變。

期盼這本「運動產業議題讀本」，能引領更多體育人進行一場思考的冒險，將議題思考轉化為養分，讓運動更有深度，更豐富我們的生活，帶來正向的循環，讓我們的世界更加多元精采。

PART 1

身與心的修練：運動員的真實自剖

01

如何正確看待輸贏，是比勝利更重要的事

輸跟贏，獲得是一樣的。

——台灣桌球教父　莊智淵

如果你認為輸贏是最重要的事，那你就輸了。

——西班牙長跑運動員
伊萬．斐迪南（Iván Fernández Anaya）

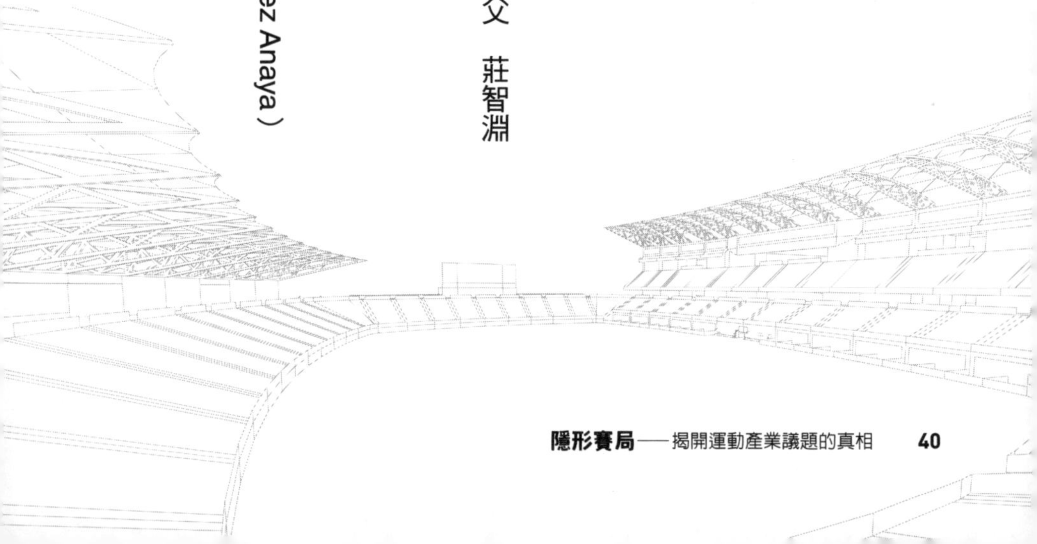

運動場上，輸贏總是一翻兩瞪眼的遊戲，贏者全拿，輸者回家，但你是否思考過，比賽場上的輸贏可能跟你想的不一樣？我們通常會將成功與勝利畫上等號，但其實，成功並不只是結果，也可以是過程，縱使選手在賽場上未能獲勝，他們仍然可以從中學習和進步，累積成為下次成功的一部分養分。

在生活中，我們也可能會遇到困難或者未能達到我們心中理想的目標，但這不意味著我們失敗了。問問自己：你是如何定義成功？你是只看重結果，還是也看重過程呢？

面對挑戰：挫折只是通往成功的一部分

你知道台灣東京奧運金牌舉重選手郭婞淳嗎？她在奪金後回台受訪時感性地說：「我想跟二〇一四年那個受傷的郭婞淳說謝謝，謝謝你沒有放棄，這一路走來有很多傷、很多痛，你都用開心的外表面對大家，要謝謝你，謝謝這個讓我摧殘的身體。」運動員，其實就像我們每一個人一樣，面對困難和挑戰，最重要的不是結果，而是過程。

輸贏是人生的常態，對運動員來說，有輸有贏才是活著，當你強大到舉目四望沒有對手，或是程度落差太大毫無贏面時，你都無法享受比賽的樂趣。運動最棒的地方，就是能夠享受棋逢敵手的快樂，感受肌肉繃緊爆發與柔軟延展的平衡，是努力追求後內心的愉悅，是能夠與聰明人交手的自豪，至於失敗和挫折，在運動場中大多是撼動人心的偉大，能夠在場上光榮的失敗，學到教訓，是運動員一生的榮耀。

想一想，你自己是如何看待困難與挫敗的？這就好像你正在為即將來臨的期末考試努力學習，然而，儘管你努力了，你的成績並未能達到預期，你可能會感到沮喪，甚至可能會對自己失望，但這時候請你記住郭婞淳的話，面對挑戰和困難，即使結果未能如願，但努力從來就不會白費，從考試中錯誤的內容訂正後學習，才是真正屬於自己的學習。

學會欣賞：你的努力是寶貴的

二〇二一年世界排名第一的羽球球后戴資穎，曾經在二〇一六年奧運時，在十六強就提前止步，經歷低潮，她在二〇一八年回憶時說道：「怎麼走到現在的，自己知道。怎麼堅持到現在的，自己知道。如果只是想看我贏球，謝謝你們的指教。我知道怎樣能讓自己更好。謝謝不在乎我輸贏只在乎我健康的人。因為我不是無敵鐵金剛，我是戴資穎。」

你有學會欣賞自己的努力嗎？在你的學業或日常生活中，你是否曾因為失敗而感到失落？你是否曾覺得自己努力了半天卻沒有回報？但請你記住，每一次的嘗試，每一次的努力，都是值得被肯定和欣賞的。如果你成為頂尖的演講者，縱使還沒有得到認可的掌聲，但請別忘記你已經勇敢地站到舞台上，把你的想法和感受與他人分享，這本身就是值得驕傲的事情，你的勇氣、你的創意，以及你為準備演講付出的努力，都是值得欣賞的。

超越自我：你是否已經找到成長的道路？

知名作家米爾曼在小說《深夜加油站遇見蘇格拉底》中提到：「運動員，不是把生命獻給運動，而是將運動獻給我們的生命，讓運動成為一條帶領我們的道路，導向自我成長，跨越輸贏的框架，實現更好的自己。」這句話同樣可以應用到我們的學習和生活中。我們在學習和生活中遇到的每一次挑戰，都是一個讓我們成長和超越自我的機會。

不只在運動場上，你在學習英文或是新語言的過程中，是否也曾經歷困難？起初因覺得困難重重，甚至可能會有放棄的想法，但隨著時間的推移，你會發現自己能理解更多的詞彙，能說出更多的句子，甚至能跟人進行基本的對話。這就是你在挑戰中不斷超越自我，找到自我成長的道路，我認為，只要你為一件自己想捍衛的事情好好去做，你其實就已經贏了。

成功的真諦：你如何定義「成功」？

對你來說，成功是什麼？是得到好成績？是贏得比賽？還是得到他人的認可？這些固然都是成功的一部分，但我們不能只將焦點放在單一的結果上。《翻滾吧！男孩》電影角色原型台灣鞍馬王子李智凱，他與教練林育信的故事，從二〇〇五年堅持練競技體操至今，挑戰二〇一六里約奧運時淘汰賽第一場就輸了比賽，但是在二〇一七台北世大運、二〇一八年亞運會贏得鞍馬金牌，隨後又遇上COVID-19疫情奧運延期一年差點面臨退休，堅持到二〇二一東京奧運才終於以招牌的「湯瑪士迴旋」，拿下超高的十五．四分，抱回奧運銀牌，在他完美落地後開心擁抱教練的畫面，一部從二〇〇五年開始長達八百三十二萬分鐘的電影，才終於拍攝到一個段落，若你單從一個片段來定義輸贏，可能都不合理。

所以，成功的定義是什麼？只有贏才算是成功嗎？不是的，就算贏也不是至高無上的，千萬別忘了對手的不幸，贏家只是替輸家暫時代言，而輸只是為了讓我們在低谷中更能夠同理對手的不幸，有機會在中場短暫休息，調整自己再出發。

所以，找一件你想要捍衛的事情吧，可以是興趣、學業、運動、音樂都好，我們更應該看到自己在過程中的成長，看到自己從每一次的挑戰中學到的東西，看到自己經歷挫敗後的堅持和毅力。這才是成功的真諦。

輸贏的提問：
你是為了結果而努力，還是為了過程而努力？

面對學業或生活中的挑戰，其實也跟參與運動一樣，選手會失常，人生也沒有穩贏，不管先贏後輸或先輸後贏，要看你用多長的視角觀看，並且輸贏的這條路上所經歷的各種挫折和磨難，都將成為我們成長的養分。

經典棒球電影《KANO》有句名言：「不要想著贏，要想不能輸。」就一場比賽來說，贏或許是比賽的目標，但卻不是唯一的目的，如果輸是為了學會贏，藉著輸的比賽持續累積經驗，那這樣你真的輸嗎？當一群揉合原住民、漢人、日本人的

01
如何正確看待輸贏，是比勝利更重要的事

棒球隊伍KANO，在要挑戰日本高校棒球的榮譽殿堂甲子園時，他們的「不能輸」是對自己的身分、名字、跟傳奇的背水一戰，而「贏」只是一場可能含有些許運氣成分的有限遊戲，才能道出「不要只想贏得比賽，而要想著不能輸給自己」。這句靈魂的話語，也因此成為魏德聖導演貫串電影的核心，因為，比輸贏更重要的是你自己，你有沒有辦法在任何的境況下都清楚自己的決定，持守你生命的目的。因為我們都是在輸贏中學習，在輸贏中成長。

向運動員學習，
活出無限人生
影片連結

如何正確看待輸贏，是比勝利更重要的事

1. **面對挑戰：**
挫折只是通往成功的一部分

2. **學會欣賞：**
你的努力是寶貴的

3. **超越自我：**
你是否已經找到成長的道路？

4. **成功的真諦：**
你如何定義「成功」？

5. **輸贏的提問：**
你是為了結果而努力，
還是為了過程而努力？

❶ 根據文本，以下哪一個選項最能描述郭婞淳面對挫折的態度？

Ⓐ 會感到沮喪並想要放棄
Ⓑ 感到挫折但仍然保持積極面對
Ⓒ 將挫折視為無法克服的困難
Ⓓ 認為挫折只是一個小插曲，不值得一提

❷ 根據文本，當我們面臨挫折時，我們應該如何看待自己的努力？

Ⓐ 我們的努力是無用的
Ⓑ 我們的努力是寶貴的
Ⓒ 我們的努力只有在獲得成功時才有價值
Ⓓ 我們的努力只有在他人認同時才有價值

❸ 請根據文本中「成功的真諦：你如何定義成功」，試著用你自己的話解釋這句話的意思，並舉出一個你個人生活化的例子說明。

01
如何正確看待輸贏，是比勝利更重要的事

02

電子競技運動是什麼？職業電競選手的未來又在哪裡？

未來的人類要能夠對世界做出貢獻，我們必須要與機器合作。電子競技運動不是要打破運動的歷史傳承與延續性，電子競技運動是擴展了人類對運動想像力的邊界。

——英國索爾福德大學科學傳播和未來媒體系教授
安迪．米亞（Andy Miah）

電子競技運動的出現，是二十一世紀體育圈的重大事件之一，二〇二一年全球電子競技觀眾人數達四．七四億，《英雄聯盟》世界賽總決賽觀看人數近四千三百萬人，比NBA總決賽的一千二百萬人高出逾三倍，其受歡迎的程度，促使人們對體育、健康和娛樂產業的未來產生新的願景跟詮釋，但是，結合了AI科技的電子競技運動未來到底會是什麼樣子呢？為什麼有人看衰，覺得打電動根本不能算是運動？

英國索爾福德大學（university of salford）科學傳播和未來媒體系教授安迪．米亞卻認為，所有的運動在未來都將成為電子競技運動，在疫情衝擊過後，人類的日常生活受到很大的改變，我們正逐漸將日常生活轉移到虛擬世界中，運動也是其中之一。

運動就運動，為什麼電子競技運動跟虛擬體育會開始流行起來呢？

因全球疫情影響，連東京奧運會都被迫延期一年舉行，也因此讓線上訓練與數位串流技術需求大增，無論是擴增實境、直播教練、AI全視野多視角高畫質3D回放技術、HIIT線上高強度間歇訓練、穿戴式裝置等運動科技都興盛起來，且預估二〇二七年全球線上與虛擬健身市場將達到五百九十二億三千一百萬美元。

其中，電子競技運動（E-sports），指的是用電腦設計出來的虛擬平台，讓玩家可以在虛擬世界中互拚高下的競賽遊戲。例如目前觀看群眾最多的英雄聯盟、傳說對決、魔獸爭霸等，而電競和傳統運動最大的差異在於「決定比賽結果的內容發生於何處」，儘管電競選手也身處在現實中進行遊戲，傳統體育也會使用電子系統協助賽事進行（例如冬奧高山滑雪項目會用電腦技術將選手動作進行編碼），但傳統體育的賽事過程確實發生在現實世界中，因此兩者在這點上確實有著明確的不同。

另一個跟電競運動很相似的詞彙，叫做虛擬體育（Virtual Sports），虛擬體育是透過VR或AR等穿戴式裝置，創造更視覺化、戲劇化、有話題性跟沉浸式的感官體驗空間，不僅更環保、成本更低、更安全，還可以推廣到一般民眾促進健康。虛擬體育可以區分成物理性的和非物理性兩種，物理性的虛擬運動（Physical virtual sports），指的是除了穿戴裝置外，你的身體也確實接觸到體育器材在進行運動，例如透過固定式的腳踏車連線進行虛擬實境的自行車競賽；而非物理性的虛擬運動（non-physical virtual sports）則不會接觸到運動器材，純粹用電腦遊戲的方式，例如透過搖桿或是鍵盤完成籃球或是足球運動。

許多企業期待透過電子競技運動打造一個大型的電子競技舞台，像是INTEL投資無人機在東京奧運開幕式上，而F1賽車選手頻繁使用模擬訓練儀，將能降低每次開賽車高速訓練的成本跟風險，同樣也能達到賽車技術訓練的效果。相反的，也有很多開模擬器的選手們轉去嘗試開賽車，在未來，虛擬與現實間的轉換將越來越頻繁，虛實間的整合，將是未來電子競技運動的趨勢。

安迪．米亞教授認為：「古代奧運、現代奧運跟電競運動的共通點，都在玩遊戲（game playing），運動確實是休閒娛樂的延伸；現在的我們無法想像將英雄聯盟變成奧運會項目，就跟五百年前的我們無法想像滑板運動會成為東京奧運項目一樣的令人難以置信，甚至滑板運動在當時根本還不存在。」許多哲學家一直在尋找這種虛擬的電競運動跟過去古奧運時期運動項目的共通點，考慮這些運動的體能消耗、哲學定義跟全球規模化程度等等，我們每個人都或多或少接觸過運動，但也因此容易用過去思考運動的方式來思考未來的運動，然而，我們也該思考未來的運動形式是否需要與千年前的古奧運時期一樣？這也正是目前電競運動頗具爭議的原因之一。

電競運動產業現況如何？

根據統計，全球電子遊戲玩家數量高達三十一億，占全球人口四〇％。二〇二二年杭州亞運將電競列為正式比賽，而亞洲電子體育聯合會會員國已超過一百一十一個，顯示電競已成為一個具有規模的龐大產業。然而，電競產業雖在全球發展迅猛，但結構卻相對脆弱。由於缺乏像奧運項目的文化底蘊和商業模式，加上電競產業本身有嚴格的版權壁壘，因此在推廣、人才培育跟資源投入上皆有難度。若真有志投入電競產業，可以從電競產業中的三個面向進行觀察，分別是：「有人玩」、「有人看」、「有規模」。

一個遊戲如果沒有吸引玩家來玩，或是沒有留住粉絲、創造流量，這個遊戲會

一個電競戰隊的組成

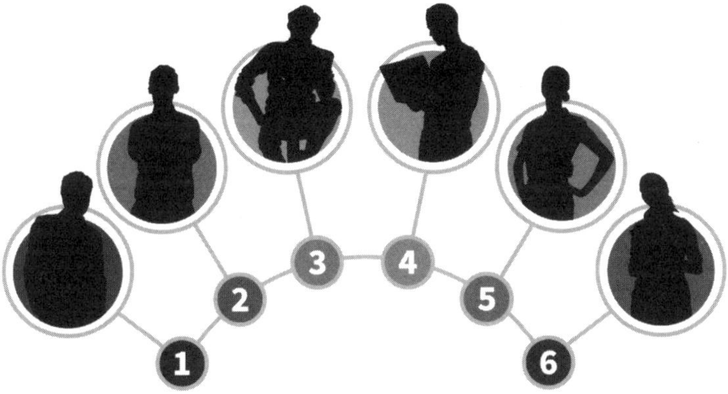

1.電競營運組：賽事規劃、活動行銷、媒體公關
2.選手組：教練、經理、分析師、領隊、戰隊選手
3.轉播組：導播、主播、賽評、音場控
4.影音組：節目企劃、剪輯、攝影、直播
5.動畫媒體設計：道具、周邊商品設計
6.其他：小編文案、財務、資訊工程

迅速淘汰，玩該遊戲的選手也會立刻失業，因此「有人玩」、「有人看」是電競遊戲存在的首要條件，但就算有人玩、有人看，受限於遊戲更新跟優化的速度、流行趨勢或是競品出現等等，要達到第三點的規模化，投入的金錢、時間、人力難以估量，難度仍相當高。

職業電競選手的未來該如何規劃？

電競運動其實是全球化的競爭，台灣選手更該思考自己的優勢在哪裡？就現階段來說，電競產業中真能賺錢的，其實只有硬體商跟高品質的遊戲商，電競隊重點不在賺錢，而是要經營好球隊的IP智慧財產權。訪談杰藝文創管理部總監蔡雅玲時她分享，營運一個二十人的完整電競戰隊（含主力、替補選手、教練、分析師、二隊小選手），一年開銷至少要一千五百萬台幣，因此目前台灣仍在培養市場的階段。而就現實層面來說，電競選手的黃金時期落在十七至二十五歲，由於二十五歲過後專注力跟反應都會變慢，選手更應該提前做好生涯轉換的思考，為自己留一條退路。以下八個針對電競選手的運動員生涯問題，你也可以問問自己：

1. **是否已經取得大學學歷？**（電競選手最早可能十五歲就入職，職業隊會鼓勵選手們盡可能完成學業。）
2. **是否有夠多粉絲，有本錢可轉當KOL或實況主？**（評估自己可否取得廣告投放、玩家訂閱或捐款、粉絲贊助等流量變現能力。）
3. **是否有興趣到高職、大學校園擔任業師？**

4. 是否能留在職業隊擔任教練、分析師、主播或賽評？

5. 對於成為硬體商或產品開發PM，有興趣嗎？

6. 期待未來薪資待遇多少？（可用期待薪資回推個人工作選擇。）

7. 若你是贊助商，你會優先贊助台灣選手（你自己）**或外國選手**（你的競爭對手）？

8. 是否有多元異業結合可能性？（不限電競，可以是食衣住行育樂等各種產業。）

上述關於電競選手的八個生涯問題，其實都源自同一個核心，就是「以終為始」，這種概念來自史蒂芬．柯維《與成功有約》中提到高效人士的七個習慣之一。要怎麼養成生涯思考以終為始的習慣呢？請特別注意三件事：目標明確、堅持原則和執行計劃。

1. 目標明確：我希望怎樣被人記得？我這一生想留下什麼？電競運動只是你生命工作角色的其中一個部分，關鍵還是要回到你這個人，畢竟人生才是你的全職。

2. 堅持原則：電競運動不只教會你技術，你從中還累積了些什麼？可能是與團隊溝通的策略，或是選擇比努力更重要的觀念，這些都可以是原則。人生可以有很多原則，但關鍵不是有沒有原則，而是能否堅持原則，例如追求共好、做有累積的事或是遵守承諾。原則無論大小，但找到你自己的原則，生涯才能走得長久。

3. 執行計劃：有了明確的目標，又抓住原則後，不要讓目標只是空想，而是要落實到行事曆中，想是問題，做是答案，未來的世界，屬於敢行動的人。

從電競運動轉變到產業現況，以終為始的思考生涯問題，面對多變且不確定的未來，只有把眼界打開，轉換思維，才能夠重新理解這個世界，你才會是個有競爭力，能活下去的職業運動員。

圓桌體育大會
影片連結

❶ 根據文章，電競產業的主要挑戰是什麼？

Ⓐ 缺乏玩家
Ⓑ 缺乏觀眾
Ⓒ 缺乏文化底蘊和商業模式，以及面對版權壁壘
Ⓓ 缺乏經濟規模

❷ 根據文章內容，電競選手在職業生涯結束後有哪些可能的轉職方向？

❸ 依照文章最後的「以終為始」觀念，請說明一個電競選手在規劃未來職業生涯時，需要注意哪三件事情？請給出你自己的想法和解釋。

03

運動員承認心理壓力辜負誰了嗎？

我每次參加奧運後都會陷入嚴重憂鬱狀態，
長期以來，
我只把自己看作是一名游泳選手，
而不是一個人。

——奧運金牌游泳選手　美國「飛魚」菲爾普斯

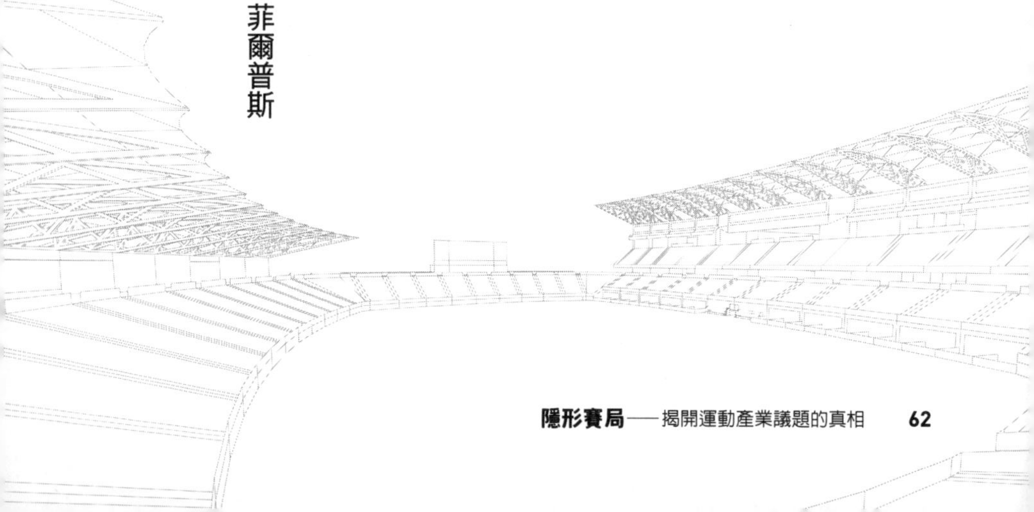

為什麼選手有心理壓力時不敢說呢？

當一位運動員能光榮的踏上奧運殿堂，萬眾矚目，他是我們國家的英雄，他們的臉孔被印在報紙、電視和網路上，他們奔跑、跳躍、拼搏，帶給我們無盡的驚喜與期待，然而，當我們欣賞他們的表演時，我們是否曾想過他們背後的努力與壓力呢？我們是否曾想過他們每一場比賽，每一次的訓練，每一次的傷病，對他們的心理壓力有多大的影響呢？

根據國際奧會二〇一九年發表的數據顯示，三五％的菁英運動員曾患持續近一年的心理疾病，二五％的大學運動員有憂鬱症狀，因為超越極限的訓練、對傷痛超高的耐受度，甚至擔心比賽時影響藥檢，都令運動選手對心理健康的認知、診斷及治療更為困難。這些競技場上成就更高、更快、更強，展現人類極限的「超級人類」運動員們，在自身心理健康的照護上卻極為匱乏。根據美國國家大學體育協會（NCAA）的統計，自殺在運動員死因排名高居第三，可見這已經不是少數個人的問題，而是大部分運動員都正在承受這樣的壓力，但選手承受的心理壓力到底有多大？面對壓力時他們自己又是怎麼想的呢？

當比賽的聲音消散，我們在勝利的光環下看到什麼？

「當大家眼中看到的我永遠是一位游泳選手，而不是一個人時，我該怎麼辦？當身為運動員的我們給出我們的汗水、鮮血和淚水時，究竟有誰可以幫我們熬過這難關？」二〇二〇年由拿下史上最多二十八面奧運金牌美國游泳選手「飛魚」菲爾普斯（Michael Fred Phelps）投資製片的ＢＢＣ紀錄片《金牌的重量》（*The Weight of Gold*）中提到：「如果，你知道你自己這一生只有一次機會實現你的人生抱負，要用一天的成敗定義你整個職業生涯，甚至往後的生活，你該怎麼辦？」「沒有人會記得奧運會的第四名，他從此就消散在人群裡……生命任何其他事都是次要的，人生觀變得只有贏與失敗兩個結果。」這就是運動員，面對世界級的夢想舞台奧運時，要承擔的心理壓力。

拿過三十面奧運和世錦賽獎牌的美國競技體操女王拜爾斯（Simone Biles），

在二〇二一年七月二十七日東京奧運的比賽上，跟相伴多年的體操隊友面前，宣布退出五場比賽，原因是心理壓力所導致的空中失感（the twisties），她說：「我沒有期待能拿獎牌。這一次，我是為了自己而出賽。」「我選擇退出比賽，照顧自己的心理健康，不要因為逞強而受傷……我得放下蟬聯金牌的驕傲……退到後座，照顧我的心理狀態。」沉澱幾天後，拜爾斯趕在奧運最後一次比賽機會臨到前重新上場，最終抱回了個人的一面銅牌。同樣的，日本網球天后大坂直美，也曾因為憂鬱症而退出法國網球公開賽，英國田徑雙奧運冠軍福爾摩斯（Kelly Holmes）在受訓時受傷後，也被診斷出有憂鬱症。明星運動員外在形象強壯身材好，感覺擁有絕佳的精神狀態且永不放棄，但其實運動員往往因為優秀的運動表現，讓我們忘記他也只是一個普通人。

面對壓力與失落，運動員如何在運動場上找到堅持走下去的力量？

那麼影響運動員心理健康的來源有哪些呢？大多是來自於對成功的期待壓力、傷病壓力還有賽事的壓力，菁英運動員每天都在競爭，競爭本來就是處在壓力情況之下，心理健康很大一部分又跟壓力有關，時代雜誌訪問英國心理學會體育與訓練部主席巴里．克里普斯博士時也說：「在高水平上表現的壓力、全天候的媒體關注以及巨額的風險都增加了精神和情感上的損失。」因此，對運動員而言，有時候要他承認心理壓力放棄一場比賽，比堅持下去還更需要勇氣，但請你想像一下，如果一個人在健身房裡努力運動，但他的心情卻始終很差，你認為他能把健身做得好嗎？運動員其實更需要有策略的調適跟保護他自己的心理健康，以下彙整五個建議的方法提供參考。

1. 結交好朋友，建立自己的支援系統：

想想你和你的好朋友們在一起玩樂時的感覺，即使遇到困難或壓力，有朋友在旁邊支援總是會感覺好很多，對吧！這就像運動員需要建立一個支援系統，包括家人、朋友、隊友、教練和心理輔導師，無論他們在場上還是場外，都有人能給予他們專業的建議和情感上的支持鼓勵。

2. 接受並認識自己的情緒：

你有沒有在看電影的經驗中感受到，一部電影中可能有些部分讓你感到快樂，又同時讓你感到悲傷？其實電影就像我們的人生，充滿了各種各樣的情緒。運動員這個角色也會有情緒，不可能永遠剛強，永遠正能量，運動員需要認識和接受他們的情緒，有快樂、會悲傷、有時也會感到緊張，運動員要學習將自己的情緒看作是人類經驗的一部分，而不是需要被避免或者壓抑的東西。

3. 學習使用放鬆技巧：

想想你在放學後回家，放下背包，坐在舒服的椅子上的感覺。你的身體和腦袋都放鬆下來了。這就是運動員需要學習的放鬆技巧，包含深呼吸或正念冥想等，這些活動可以幫助運動員緩解壓力，並且可以提高他們的集中力。

4. 保持健康的生活方式：

就像汽車需要燃油和定期保養才能正常運作，我們的身心也一樣。運動員需要足夠的休息、均衡的飲食和定期的休閒活動來達到身心健康，並更好的應對接下來的壓力。

5. 練習積極的思考：

想像你正在玩一個難度很高的闖關遊戲，雖然你可能會失敗很多次，但你仍然保持著積極的態度，因為你知道每次失敗都是學習的機會，並且找到更多可以破關的方法。運動員在面對傷病或是重大的賽事時，也應該保持這種積極的態度應對挑戰跟困難，甚至看待傷病為一次學習和成長的機會，必要時，也可以尋找運動心理諮詢師的協助，學習更有效的應對壓力策略。

拿下四面奧運金牌卻飽受憂鬱症之苦的美國女子游泳選手施密特（Allison Schmitt）受訪時也表示：「我現在能坦率地說出自己的困難之處並尋求協助，脆

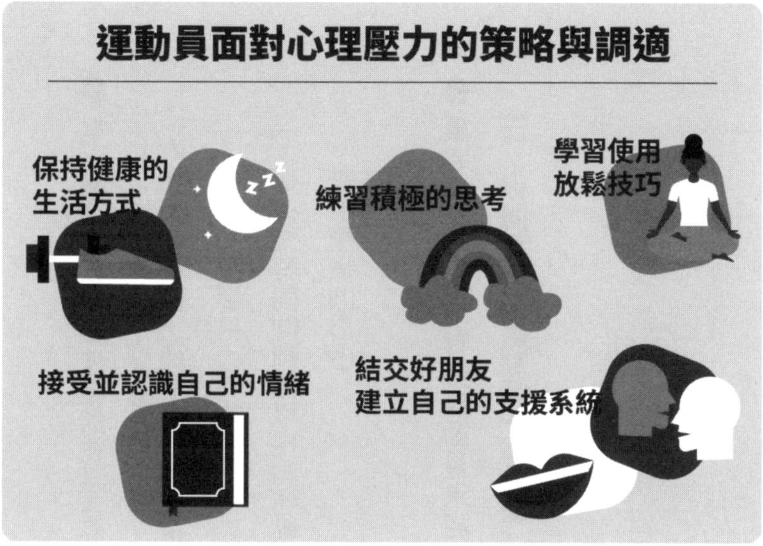
運動員面對心理壓力的策略與調適
保持健康的
生活方式
練習積極的思考
學習使用
放鬆技巧
接受並認識自己的情緒
結交好朋友
建立自己的支援系統

弱其實是種力量，這股力量幫助我度過了難關。」上述的策略並不只適用於運動員，其實也適用於我們每個人，不論你是不是運動員，我們都可以學習這些策略來應對生活中的壓力和挑戰。運動員也是人，並不是完美無瑕的神，他們也會感到孤單，也需要有人可以聊一聊，或許適時的放棄，承認脆弱，更能幫助運動員「堅持」走完人生。

運動視界專題
網站連結

❶ 以下哪項不是文章建議的維護運動員心理健康的方法？

Ⓐ 結交好朋友，建立自己的支援系統

Ⓑ 接受並認識自己的情緒

Ⓒ 保持長時間的訓練以提高運動表現

Ⓓ 練習積極的思考

❷ 讀完本文後，你對於運動員承認自己的心理壓力並非辜負觀眾或自己？你同意這種觀點嗎？為什麼？

❸ 請根據這篇文章，你認為如何能更好地照顧運動員的心理健康？該如何才能培育出一個心理健康的運動員？請分享你的見解。

04

你知道身心障礙者是如何在運動場上挑戰極限的嗎？

奧運是英雄誕生的地方，
帕奧則是英雄匯集的地方。

——Netflix影集《帕奧精神：鳳凰高飛》（*Rising Phoenix*）

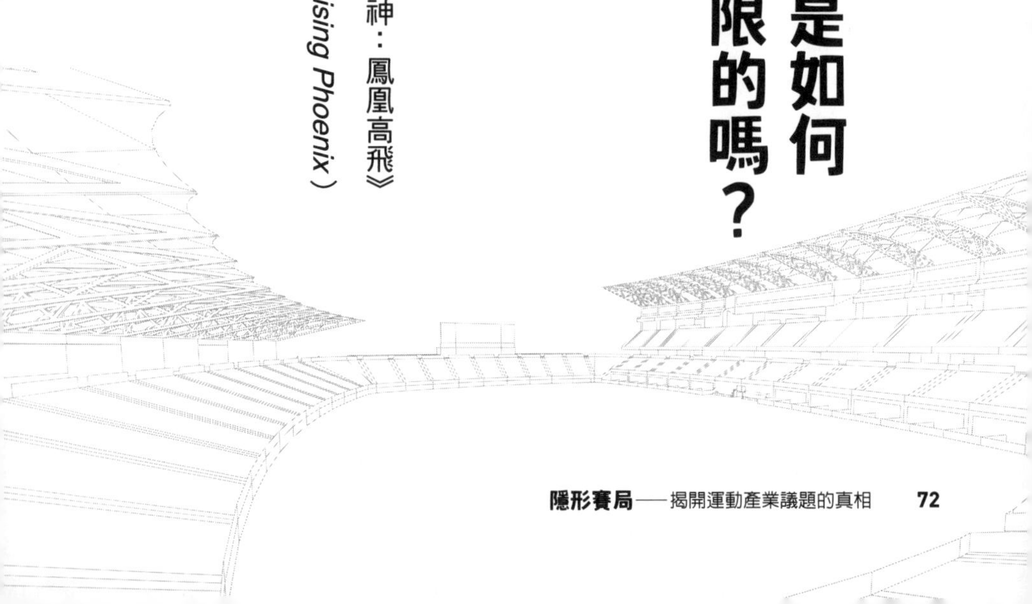

身心障礙者運動不僅是一項極具挑戰和鼓舞人心的活動，更是一個展現勇氣、毅力和無窮潛力的舞台。想像一個視力受限的人，竟然能在田徑場上展現飛奔的速度；或是一個坐著輪椅的人，卻在籃球場上操控球技，打出精采的比賽。這些身心障礙的運動員透過自己的努力和專業訓練，不僅突破了自己的極限，更是挑戰了社會對身心障礙者的刻板印象。你知道身心障礙者如何在運動場上挑戰極限嗎？他們的努力和堅韌不只是為了贏得比賽，更是為了突破自我、打破刻板印象。讓我們共同探索這個領域，重新認識身心障礙者的運動世界。

台灣身心障礙者有多少人？身心障礙者體育推展跟我有何相關？

身障運動員在台灣，仍然不被重視嗎？運動評論家石明謹在二〇一七台北世大運時寫的文章名為：「彰顯國力的世大運，也暴露了對身障者的歧視」的文章中，講述台灣最大的運動賽事依然對身心障礙者不友善的憾事，其實，大型賽會中無障礙設施與對障礙者的友善程度，其實是一個國家文明的象徵，所謂歧視其實不一定

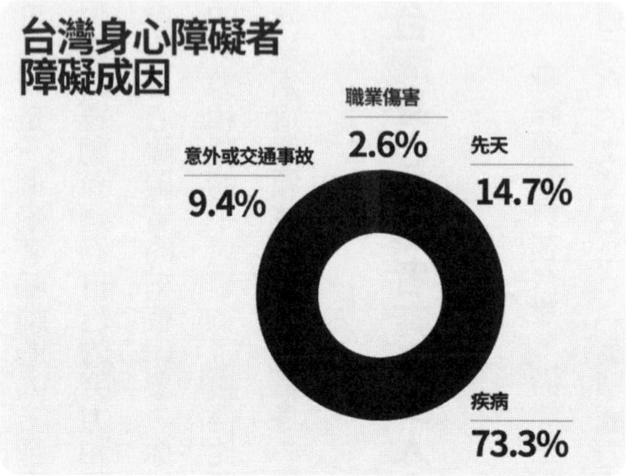

是侮辱性的言語，一個不友善的環境，隱含著說不出口卻根深柢固的歧視心理，但是，是什麼樣的社會讓我們無法主動協助身心障礙者呢？很有可能，教育是其中的關鍵。

回顧資料發現，上一份統計全台身心障礙運動員教育狀況的教育部適應體育調查報告已經是二十多年前（民國九十年），因此適應體育教學在台灣推廣上還有很大的進步空間，而一份衛福部統計至二　二二年第一季的資料顯示，台灣領有身心障礙手冊人數為一百一十九萬五千人，是台灣總人口數的五％，其中男性約六十六萬人，女性約五十三萬五千萬人，其中**有八五％身心障礙者的障礙情形，是疾病、意外或交通事故等因素所致。**

其實每個人隨著年紀漸長，關節老化、視力退化或意外受傷，有一天我們都有可能碰到身體部分功能喪失的狀況，但現在的我們有沒有花點心力為身心障礙族群思考呢？既然障礙可以是後天造成的，其實也暗示了我們每一個人，都有可能是身心障礙的候選人，開始關注這個議題，也是對個人的預防及保障。

保障身心障礙者運動權利的適應體育是什麼？

運動是追求將人的身體能力發揮到極限，但在運動場上追求極致表現的同時，卻可能將身體與大多數人不同的運動員遺落在後，也因如此，適應體育因運而生。適應體育（Adapted Physical Education）早期也稱作是特殊體育，原指為特殊族群進行調整跟改變設計的運動，隨著一〇八新課綱與體育觀念的轉變，適應體育在設計上是一種以包容學習為主的體育態度，目的是讓所有的人都可以公平的享受體育。適應的英文 Adapted 其實也是調整的意思，因此適應體育是為任何想要運動的人，調整出適合他們的體育課，因此更像是以學生為中心的體育課程設計教育。

二〇一四年，我國立法院通過《身心障礙者權利公約施行法》，並於同年十二月三日國際身心障礙者日施行，配合聯合國《身心障礙者權利公約》（The Convention on the Rights of Persons with Disabilities，縮寫為CRPD）第三十條身心障礙運動上，確保身心障礙者有機會組織、發展及參與身心障礙者特殊之體育、康樂活動，並為此目的，在與其他人平等基礎上，鼓勵提供適當之指導、培訓及資源（包含場所、旅遊、休閒、體育賽事活動等），但這麼多年過去了，成效如何呢？

推展適應體育教育多年的姜義村教授解釋，台灣人不夠重視體育，觀念上的思維落差，導致台灣的運動狀況普遍不熱絡，更別提身心障礙者體育了；姜教授認為，不只是台灣社會的價值觀要改變，身心障礙朋友的想法也要有所不同，姜教授舉例：如果美國的孩子在學校少了一堂體育課，孩子的家長可能會提出抗議，但在台灣如果身心障礙的孩子面臨一樣的狀況，父母卻認為不用上體育課，可以多一點時間讀書是好的。就算體育教育與運動設施都已經足夠包容完善了，台灣在無障礙交通的推動，與普遍民眾的認知等方面，還是有待加強。

台灣身心障礙運動員遇到哪些困境？過去台灣又已經做過哪些努力？

而除了一般民眾的意識與觀念外，身心障礙運動員本身也遭遇許多困境，不同於一般運動員有學校系統、縣市政府教育局、體育局處的支持，很多身障選手都已經是社會人士，年齡較長少了學校支持，又要維持訓練、聘僱防護員、教練等，都是要靠自費或是社福團體支援。同時身障運動的教練並沒有長期穩定的「專任運動教練」編制，也沒有相對的薪資與福利，推動都仰賴志工教練協助，身障運動推動難有長期推動規劃。

對於身障運動員來說，要兼顧工作、訓練與生活，卻又沒有相應的資源幫助他們維持更好的訓練品質，對身障運動員來說是急需做修改與改進的方向。同時，並非所有運動員都選擇追求菁英表現：運動員參與運動的主要動機可能與追求高水平表現及獎牌無關，部分運動員反而著重在身體健康和社會參與的價值。

為此，教育部體育署推出Together we move《愛運動＊動無礙》計劃，一〇九年推出超過五百項次身心障礙體育活動，希望讓身心障礙者參與運動成為社會主流，於二〇一五年及二〇一九年辦理身心障礙者體育運動論壇，會中廣泛討論身心障礙運動選手選、訓、賽、輔、獎等作業，並就運動平權與相關促進措施進行討論，並在一一〇年試辦巡迴運動指導團計劃，與八個縣市合作，將身心障礙運動指導人力送進運動場域（含運動中心）開辦各項課程，期持續提升身心障礙者參與運動的機會與可見度。

我們這次也邀請到計劃的體育署負責窗口，教育部體育署全民運動組陳思瑋專員與我們分享，思瑋說：「我們計劃有三個階段，第一個階段是共容：希望身心障礙者可以有更容易的指引建議與指南。第二階段共融：跟國際主流團體（帕運、聽奧等）跟台灣的政府、地方身心障礙體育推動相互搭配。第三階段共榮：推動讓身心障礙體育可以進入主流協會中辦理活動並持續蓬勃發展。這是我們期待的目標。」

國際上如何看待身心障礙運動員的長期發展？以加拿大運動員長期發展模式（LTAD）模型為例

在國際上，聯合國與國際帕委會（IPC）和國際身心障礙聯盟（IDA）共同推動十年運動平權及消除歧視的重要政策「WeThe15」在全球三十個國家發起，意思是占全球總人口一五％（約十二億）的身心障礙者同樣是人類多樣性的一部分，從二〇二一年帕運結束後到二〇三一年，希望可以終結對身心障礙者的歧視，增加民眾們對身心障礙者的可見度、可及性及包容性。

在加拿大，有一四％的人有知覺、智能或身體上的障礙，根據加拿大「運動員長期發展模式」的方案，提出培育身心障礙運動員初始階段有三大關鍵，分別是「意識」（Awareness）、「初步接觸」（First Contact）和「回饋」（Giving Back）三個階段，是非常值得讓台灣參考的觀念，目的是讓更多身心障礙者享受到運動的快樂，並在體育場上發揮所長。

- 想像一下身心障礙是一扇窗子，有些人天生就站在窗前，有些人則在生活中不小心被推到窗前。SPORT FOR LIFE手冊就像是提供了一個窗前的觀景台，讓大家看到窗外的世界，了解身心障礙運動員的機會。透過強調「意識」和「初步接觸」這兩個階段，就像是在告訴人們：「嘿，過來看看窗外的風景吧！」

- 而「初步接觸」的目的是確保身心障礙者第一次的活動體驗有正面印象，並對周遭環境感到自在（含硬體、社會觀感、軟體服務等），而且持續參與，這個階段組織可以為潛在的身心障礙運動員提供適當引導的計劃，幫助他們建立信心、感到被同儕和訓練人員接納，同時吸引各年齡層有潛力的身心障礙運動員了解自己擁有哪些機會。
- 就像漫畫裡的超級英雄，他們在戰勝敵人後還會回到城市中作為保護者。身心障礙運動員也可以成為現實生活中的超級英雄，不僅在運動場上打敗對手，還以教練、志工、形象大使的身分回到社會，將他們的超能力和經驗分享給下一代。

推動身心障礙運動究竟是誰的責任？

世人對於運動的熱愛沒有擴展到身心障礙運動上，這也是適應體育跟身心障礙運動推展上還需要努力改變的一個現象。像是四年一次的奧林匹克運動會是全世界關注的大型國際競技賽事，但在奧運會閉幕後一個月內舉辦的帕拉林匹克運動會（帕運會），受到的關注就明顯低很多，即便這兩個運動會的賽事強度與選手們的競賽成績其實是不分上下的，而且身心障礙運動員們要能夠達到如此運動表現的難度，以及他們在背後努力的練習強度卻是人們所難以想像的。

在人權抬頭，媒體發聲的年代，越來越多人重視多元、平權，但卻不代表這些價值已經被實踐。只有我們逐一的把憐憫之心收起來，減少對身心障礙者針對性的標籤，改用中性的「輪椅使用者」、「視力障礙者」等字眼，並修正「身障者只要好好照顧生活就好」的錯誤觀念，身心障礙者只是需要不同的生活協助，他們並非不正常，只是現在這社會環境不利於他們而已，保障身心障礙者權利與推動身心障礙運動應該是每個人自願跟自發的，只有看見差異，才能同情共感，任何一個微小的善意都可以讓身心障礙者感受到舒服便利，當我們能設身處地去思考他人的困境，這才是台灣最美麗的風景。

圓桌體育大會
影片連結

❶ 加拿大的運動員長期發展模式（LTAD）對身心障礙者培育有哪三個重要階段？

Ⓐ 賽前準備、賽中表現、賽後回顧

Ⓑ 意識、初步接觸、回饋

Ⓒ 技能培訓、比賽參與、退役安置

Ⓓ 健康教育、專業訓練、心理輔導

❷ 呈上題，為何初步接觸階段中，要確保身心障礙者第一次的活動體驗有正面印象？

Ⓐ 以便拍攝廣告

Ⓑ 促使他們成為職業運動員

Ⓒ 建立信心和感到被接納

Ⓓ 提高活動的知名度

❸ 請解釋為什麼身心障礙者運動需要更多的社會關注和支持，以及這如何反映在人權和平等方面的價值。

❹ 在媒體宣傳跟行銷包裝上，我們該如何才能看見真實的身心障礙者的狀況，而非只是用過去的既定印象包裝？請提出你認為可能的解法。

參考資料來源：Canadian Sport for Life出版之「No Accidental Champions: LTAD for Athletes with a Disability（2nd Edition）」手冊

05

為何運動禁藥至今難以被遏止？

對於很多頂尖的選手來說，當他們透過苦練，體能與技術都達到一定程度時，使用藥物（興奮劑、類固醇或荷爾蒙）往往成了他們超越肉體極限的方式，除此之外，在運動競技逐漸染上商業色彩，成功的運動員不僅報酬豐厚，也都使得他們比過去更難抗拒「贏」的誘惑，隨著醫療科學發展，已經有不少藥物成為球員提升成績的工具。

——美國前參議員米契爾ＭＬＢ職棒禁藥調查報告

你知道什麼是運動禁藥嗎？

運動禁藥是指一種或一類被世界反運動禁藥組織（WADA）認定為不應使用的藥物或方法，因為它們可能對運動員的身體健康造成損害，或者在比賽中給予使用者不公平的優勢。這可能會讓你想到數年前的俄羅斯運動禁藥醜聞，CNN報導指出俄羅斯在二〇一六年被俄羅斯反禁藥實驗室前負責人羅琴科夫（Grigory Rodchenkov）爆出由國家主導的計劃性用藥內幕，在二〇一四年的冬季奧運會上，至少有十五名獲得獎牌的俄羅斯選手，有參與由國家主導的用藥計劃。羅琴科夫還揭露，俄羅斯的反禁藥專家與情報員，會在深夜掉包選手的尿液檢體，將被禁藥汙染的檢體，調換成事前採集的乾淨尿液，劇情簡直比〇〇七還誇張。

英國《衛報》報導，這起事件其實是國際賽事史上最大的運動禁藥醜聞，但是世界反禁藥組織對俄羅斯頒布的禁賽令其實象徵性大於實質意義，加拿大奧運選手史考特（Beckie Scott）說，「WADA有權力行使更強硬的手段，但他們卻選擇不這麼做。」俄羅斯使用禁藥的行為，不僅對他們自己的健康產生影響，而且還破壞了運動比賽的公平性。但你是否也跟我一樣好奇，運動禁藥為何難以遏止？到底發生什麼事？誰會認為運動禁藥有問題？誰又認為運動禁藥沒有問題呢？

運動禁藥的歷史可以追溯到多久前呢？

從古奧運西元前三世紀，運動員就嘗試透過使用含有特殊成分的飲料提升運動表現，此類行為逐漸在長跑、自行車等運動項目中惡化。一九二八年，國際業餘田徑聯合會開始禁止興奮劑的使用，但當時尚無有效檢測方法。一九六八年，國際奧會開始在奧運會上進行禁藥檢測，但新興藥物的出現使得檢測變得困難。二十世紀末，科技和藥物研發的成熟使得運動禁藥的問題變得日益嚴重。

一九七九年，十四歲女孩海蒂・克里格（Heidi Krieger）在東德的運動學校練習鉛球，兩年後，教練讓她服用一種聲稱能夠提高力量和耐力的藍色葡萄糖藥丸，但其實這是類固醇激素Oral-Turinabol。這導致她體重飆升到了一百公斤，並且出現男性化特徵。不過，出色的成績讓她堅持服用藥物，並且沒有懷疑過教練。一九八六年，二十歲的海蒂・克里格成為歐洲鉛球冠軍，成績是十九・九六米，但超量訓練對她的關節和骨骼造成傷害，五年後，她被迫在二十五歲時退役，且因類固醇作用讓她最終不得不選擇變性成為一名男性，取名為安得利斯・克里格（Andreas Krieger），運動禁藥造成她一生永遠的痛。

另一個明顯的例子是蘭斯・阿姆斯壯的造神事件。他是一位享譽全球的自行車賽手跟抗癌鬥士，曾七次獲得環法自行車賽冠軍，但在二〇一二年八月，他因為長期使用禁藥紅血球生成素而被剝奪他所有的冠軍頭銜，美國反禁藥組織（USADA）痛批他是「體壇前所未有、最精密、專業、成功禁藥計劃」的罪魁禍首，因此追溯自一九九八年後所有成績都被抹消，包括環法冠軍頭銜，還宣判他終身禁賽，且品牌求償約新台幣四十三億元。這個案例清楚地表明，運動禁藥的使用對於運動員個人、運動競賽，甚至整個運動界的影響都是極為嚴重的。

運動中藥物濫用的歷史案例

1968 – 2020

奧運

從1968年開始，幾乎每屆都有和禁藥有關的事件…

1974 – 1990

東德政府

冷戰後德國聯邦政府公布的資料顯示，自1974年開始，東德體育聯合會主席要求全面使用禁藥。根據估計，約有10000名前運動員因使用禁藥而受到身心上的傷害。

1980 – 2020

中國政府

在1990年代，多名中國游泳運動員檢測呈陽性，導致國際爭議。直至2008年奧運，中國舉重隊仍有運動員因使用禁藥被褫奪金牌。2020年，游泳選手孫楊因禁藥違規被禁賽。

1990 – 2019

俄羅斯政府

德國電視台揭示俄國掩蓋運動員使用禁藥的證據，世界反禁藥組織報告指控單位長期捏造檢測報告，影響到田徑隊參賽。2019年，俄羅斯遭禁賽四年，無法參加奧運和國際重大賽事。

2012

美國自由車

美國自由車運動員藍斯‧阿姆斯壯因長期使用禁藥被剝奪獎項和終身禁賽，並承認使用違禁藥物。同時，指出美國和俄羅斯運動員在用藥豁免權申請方面存在差異，部分運動員可能濫用這一豁免權。

2016

奧林匹克委員會

表示使用禁藥已達「前所未見的犯罪程度」，並在里約奧運前重新檢測，揭示過去多名選手可能使用禁藥，45名涉案運動員被禁止參加里約奧運。超過40名肯亞田徑選手在2012至2015年間遭到禁賽。

運動禁藥對運動員有何影響呢？

事實上，運動禁藥對運動員的影響多方面，包含身體和心理健康。一些運動禁藥可能會立即提高運動員的表現，但長期使用則可能導致心臟病、腎臟病、肝病，甚至可能導致心臟停搏。以美國前專業棒球選手肯．卡米尼蒂為例，他在自傳中承認自己在職業生涯中使用了大量的禁用藥物，結果導致他在退役後不久就遭受多種健康問題，包括心臟疾病和腎衰竭。運動禁藥雖然短期可能會短暫地提升運動表現，但長期下來對身體的傷害卻無法忽視。

使用運動禁藥會引起什麼樣的道德或法律問題嗎？首先，這違反了公平競爭的原則，對照沒有錢、資源跟沒有使用禁藥的運動員，不僅不公平還傷害了健康，而最關鍵的是，所有選手都有在運動員宣誓以及禁藥檢測環節的一開始，宣示你沒有使用禁藥並簽名，當你宣示不用禁藥卻使用了，就是欺騙、就是隱瞞、就是作弊，也因此違反國際體育組織規定可以懲處，禁止運動員繼續參加比賽。一個知名的例子是美國短跑運動員瑪麗安・瓊斯，她在二〇〇〇年雪梨奧運會上獲得五面獎牌，但後來因為使用禁藥被剝奪了所有獎牌，並從此被禁賽。

運動員該如何避免使用運動禁藥呢？

其實，要達到優異的運動表現，並不僅是依賴藥物，更重要的是持之以恆的訓練、健康的飲食以及充足的休息。除此之外，運動員還需要學習抵抗壓力，堅守道德原則。記得二〇一六年里約奧運會，美國女子游泳選手凱蒂・雷德基（Katie Ledecky）則以驚人的意志力和努力，贏得了四面金牌。她在賽後的訪問中，坦誠自己曾經面對過巨大的壓力和誘惑，但她始終堅守原則，拒絕使用禁藥。她的故事提醒我們，只有遵守規則、公平競爭，才能真正贏得尊重和成功。

但是，為何運動禁藥的風險如此明顯，選手們也知道這是禁藥，但為何還繼續使用呢？使用禁藥的行為為何難以被遏止？其實，這與運動競賽的高壓環境有很大的關係。在競爭激烈的世界裡，運動員們面臨著巨大的壓力，包括來自他們自己、教練、贊助商，甚至觀眾的期待。為了達到更高的水準、打破更多的紀錄，運動員可能會被誘導去尋求「更快速的解決方案」，那就是使用運動禁藥。而且，隨著現代科技的進步，使一些禁藥能夠在體內迅速代謝，更難被檢驗發現，這也為他們提供了一種錯誤的保護感。以著名的田徑選手賈斯汀・蓋特林為例，他在二〇〇六年因為使用禁藥而被禁賽八年。然而，他在返回賽場後，依舊獲得了許多成績，這反映出即使遭受懲罰，一些運動員可能仍然會認為使用禁藥是值得的。這個案例顯示，要真正遏止禁藥的使用，我們需要改變的不僅是檢測技術，更重要的是運動員的心態以及整個運動競賽的環境。

最後，運動禁藥問題對於我們有何啟發？對於運動員來說，最重要的是**認識到成績並非一切，健康和道德的重要性遠勝於獎牌**。未來的運動禁藥關鍵，或許不是在更先進的技術，而是教育跟哲學式的思考，才是最核心的。對於我們所有人，這讓我們明白，在面對壓力和誘惑時，我們都需要保持堅韌的意志力和道德的堅守，選擇正確的道路，而不是走捷徑。像是新加坡的游泳選手約瑟林（Schooling），她在二〇一六年里約奧運會上創造歷史，成為新加坡首位奧運金牌得主。儘管面對著巨大的壓力，但她始終堅持正確的訓練方法和飲食規劃，絕不觸碰禁藥。她的故事為我們設下了楷模，讓我們看到堅持與毅力的力量，以及公平競賽的價值。

禁藥討論文章

05
為何運動禁藥至今難以被遏止？

❶ 什麼是運動禁藥？

Ⓐ 能夠幫助運動員提高表現的所有藥物

Ⓑ 由醫生處方的特殊藥物

Ⓒ 被世界反運動禁藥組織認定為不應使用的藥物或方法

Ⓓ 用於治療運動員受傷的藥物

❷ 根據文本，你認為為什麼運動禁藥的使用至今仍難以被根除？你認為應該如何改變這種狀況？

06

運動員該如何學好外語，讓學習更上一層樓？

為什麼要學語言？
懂得一種外語，
就能看懂一群人的內建系統。

——作家　褚士瑩

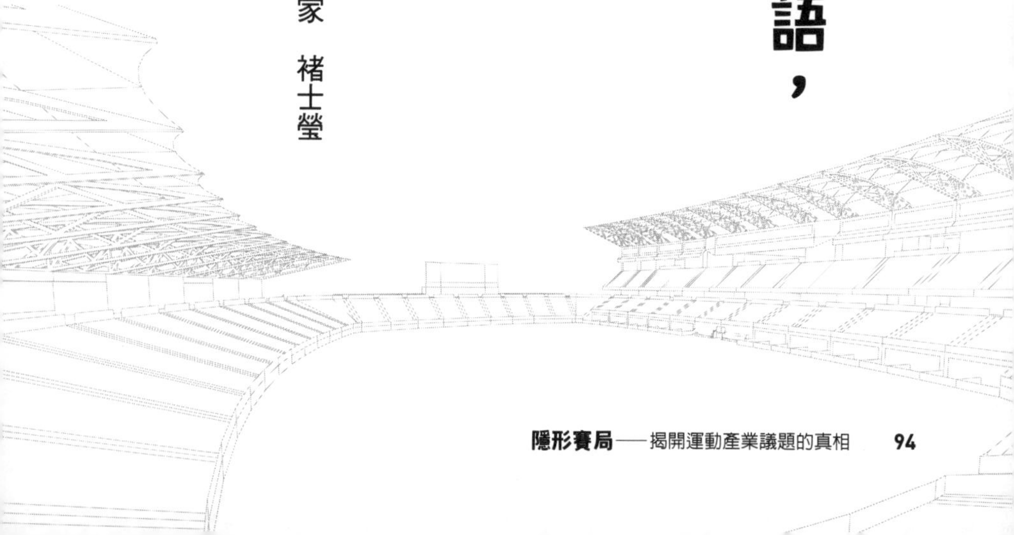

「桌球教父」莊智淵在國外比賽時的賽後訪問，被許多球迷發現，面對媒體訪問，莊智淵可以用全英文受訪，對答如流，過程中也完全不需要翻譯。其實從十歲開始，莊智淵就時常征戰國外，因此他的英文會話能力較強，而且各國的英文腔調他都聽得懂，也能用簡單的語法與非英語系國家的人溝通，英語是當今世界上主要的國際通用語言，也是世界上最廣泛被使用的語言之一。然而，學習語言需要時間，以及持久的心態，一般的運動員在大運動量的訓練後，是否還有時間與精力學習呢？要做的話又應該怎麼做才有效率？

運動員一定要精進外語嗎？有哪些必要學習的理由？

我們可以來對照一下三位運動員的例子，冬奧滑雪選手文彥博、網球名將盧彥勳和跆拳道品勢選手李映萱都曾經分享自身外語學習的經歷，我們來聽聽他們怎麼說。

文彥博在圓桌體育大會上分享，滑雪是一個外來的運動，因此很多的裁判術語、器材、操作動作等都是英語，而語言也是文化的載體，了解語言就是了解文化的關鍵途徑，學習外語，特別是英語，對運動員的訓練至關重要。想要精準地掌握訓練要點，迅速做出反應，直接度以及精準度都不可或缺。他表示，體育不僅是一種競技活動，更是一種文化，而語言正是我們理解這種文化的鑰匙。文彥博認為，運動員雖然花費大量時間在訓練和休息修復上，但並不應該成為放棄學習外語的理由。積極地學習外語，不僅有助於與國外選手、教練交流，還可以與防護員溝通。即使不能流利地表達，努力學習單字也有極大的好處。

盧彥勳也曾分享，十四歲時，他入選國際網球總會ITF（International Tennis Federation）青少年隊，獲得免費到歐洲訓練、比賽五周的機會。但那時的他，連「Rice」都不會說，打電話向媽媽哭訴，一個多月電話費就花了台幣四萬多元，除非有附圖片的菜單，否則根本看不懂，又不好意思開口問。有時看得懂「Pizza」、「Pasta」大類，但什麼口味、配料完全只能用猜的，「運氣好的時候，點到合口味的，就能大快朵頤一番；猜錯的時候，來的東西不對味或不敢吃，就難受一整天。」

李映萱則分享，她的目標是環遊世界，通過跆拳道認識更多的外國朋友。李映萱在學業、訓練和比賽之間忙碌，但透過參加國際賽事，感受到了與其他國家選手分享生活的快樂與滿足。因此，她參與了全球講習、論壇、交流訪問等活動，這些經歷都在不斷豐富她的人生。

不論是哪一位運動員的分享，都突顯現出學習外語的重要性，語言就是一種必要技能，能夠讓運動員在國際舞台上更加自信、更有競爭力。正如文彥博所說，語言是一把打開各種大門的鑰匙，這些路都將帶來我們意想不到的成就和機會。因此，學習外語絕非可棄之選，而是追求卓越的必經之路。

政府一〇八年提出「二〇三〇雙語國家政策發展藍圖」，雙語教育要如何跟運動員做結合？

語言就是我們理解體育文化、增進競爭力的鑰匙，而且學習其實不需要專門的訓練場地，只要有一台電腦，就能在廣闊的網路世界中尋找寶藏。

運動員學習語言，是為了能在國際賽場上走得更快更遠，文彥博指出，雖然我們日常是用中文來交流，但在全球化的世界，了解國外資訊至關重要。他強調，教練扮演關鍵角色，就像是指導員引導滑雪運動員在陌生的環境上練習，教練本身需要願意自己先學習國外訓練方法，以確保運動員在訓練和比賽中不至於出現誤差，這就需要外語能力。為了打造雙語環境，提升教練和裁判的英語能力，體育署提出了一系列措施，使他們能夠應對國際競爭，包含輔導各單項運動協會在教練和裁判講習會中，加入專業英語術語的學習，而這樣的改變，就像是提供了一幅標誌清晰的滑雪地圖，讓他們更清楚地掌握方向。

正如滑雪需要選手迎接挑戰，競技運動的發展也需要不斷與國外選手、教練和裁判交流。運動專業英語能力能夠讓我們更精確地理解來自世界各地的信息，進而建立更緊密的聯繫。因此，我們可以邀請我們國內優秀的選手、教練和裁判，就像是在滑雪場上與大家分享他們的滑雪經驗一樣，透過親身經歷，向我們傳達英語在參加國際賽事、與國外夥伴交流方面的重要性。通過學習外語，才能有不斷超越自我，追求巔峰的能力，與國際接軌，實現更多的運動夢想。

運動員要兼顧訓練以及外語學習，有哪些方式可以事半功倍？

國外的月亮比較圓？但會不會連外國的月亮怎麼說都不知道？每個國家都有專屬於自己的運動文化，在新的文化和語言環境中，運動員可能會感到焦慮或不安，他們需要學會如何適應和克服這些情感上的挑戰。文彥博分享身為教練，任務就是需要訓練出參賽選手，而選手需要對於每個訓練項目甚至動作應該要有更深入的理解，其中，最關鍵的還是回到運動員自身的動力，教練要做的不是壓迫他們去執行，應該是讓他們在生活中產生自發力，在非訓練時間自主學習，要達成這樣的效果，教練需要練習說故事，啟發選手對於語言訓練學習的動機，例如分享自己在國外比賽的趣事，同時，教練本身也要對學習資源有理解，知道要去哪裡搜集資源，再提供建議給選手，包含觀看外語勵志影片都是很好的方法，加上現在媒體傳播更加發達，Netflix 以及Youtube 也都是很好的媒介，綜合起來，在教學上就能開啟學生的求知慾。

詩菲麥線上家教創辦人黃后分享，外語學習最重要的是為自己創造全外語的環境，例如可以將手機或是通訊軟體設定成英文的介面，如果覺得自己還無法達到自學的能力，找一個夥伴或是老師教你使用對的工具以及方法，可能都能更事半功倍，他也推薦劍橋大學發行的網路字典，可以完整理解發音以及字義。他表示，外語學習其實分為輸入以及輸出，而閱讀是一個非常好的輸入方法，運動員可以去觀看 CNN Sports，除了文字還有附帶影片，一天五分鐘，每天挑五個單字記在筆記本上，一個月就能積少成多累積一百五十個單字，關鍵在於願不願意開始做學習外語這個動作，如果可以，教練與選手一起規劃學習計劃會更好，每天累積聽、說、讀、寫，不拘時間多少，從輸入到輸出，就可以建構出一套完善的外語學習系統。

運動員的時間有限，具體來說該如何分配學習英文的時間？需要持續多久呢？

文彥博分享，自己是一個生活化的學習者，加上自己的比賽常常在國外，他有更多機會可以讓自己沉浸其中，但不是每個運動員都有這樣的環境，如果需要建構出一個環境，他覺得娛樂是最好學習外語的場域，因為自己非常多英文的學習都是在玩電競中自主學習而來，如果能把自己的娛樂時間都跟外語學習融合在一起，就能打破訓練跟學習之間時間分配的問題，沉浸式的學習也許會在一開始有點不習慣，但相對於二分法式的學習，會相對能接受，睡前一兩小時的娛樂時間累積下來，也會是非常可觀的累積。

以李映萱為例，她曾經分享說，「當時不太敢主動跟美國選手聊天，擔心他們講太快跟不上、聽不懂，會很緊張。」每當有美國選手攀談，她就會試著聽關鍵字，真的聽不懂會請對方放慢速度，聽不懂的字她會請對方說明，這時美國選手就

運動員如何有效學習外語？
1
打造學習環境
例如將手機設定成英文介面
2
從專長出發
在自己項目的裁判教練相關語言開始
3
善用資源
運用美劇、英語體育新聞等線上學習資源沉浸
4
刻意練習
勇敢嘗試與外國選手主動聊天

會化身為「人肉版英英字典」，幫她解釋字義。經過多年的賽場英文交流，李映萱的英文能力不斷進步，後來更是完全聽得懂，還被美國選手稱讚。「我會為了出國比賽、參加講習而準備相關的英文單字，或是事先想好要提問的問題並模擬對方可能回應的答覆。」李映萱舉例，國際賽場上大多會聊到幾大主題，分別是這次的比賽表現如何、是否有受傷、如何訓練備賽等，都是可以事先準備的。

能預期的是，運動員因為訓練計劃上可能產生疲憊，但如果要提升自己的外語能力，黃后也提醒，可以學習把每個目標切分成小任務，減輕挫折感，以免因為持續的挫折而無法持續下去，畢竟語言學習是一輩子的事，不是短跑，更像是一場人生的長跑，持續走下去就能收穫成果，立竿見影。

圓桌體育大會
影片連結

❶ 根據文中的分享，運動員們學習外語的主要目的是什麼？

Ⓐ 增加自信心和競爭力
Ⓑ 開啟求知慾和自發力
Ⓒ 提高運動技能和戰術
Ⓓ 擴展社交圈和友誼
Ⓔ 以上皆是

❷ 文彥博認為，哪一種方式可以幫助運動員在訓練和學習之間更有效地分配時間？

Ⓐ 用書本學習
Ⓑ 進行二分法式的學習
Ⓒ 把娛樂時間和外語學習結合起來
Ⓓ 看外語勵志影片

❸ 根據文中文彥博、黃后、盧彥勳和李映萱的分享，為何學習外語對於運動員的重要性需要被強調？

❹ 針對運動員的語言學習，你認為還有哪些其他方法或策略可以幫助他們更有效地學習外語？請根據你的經驗或想法說明。

07

運動員的最佳後盾：超稀有運動防護員都在做什麼？

很少人知道我在復健過程中崩潰，
但防護員安慰我：
「不要急，慢慢來。」

——東京奧運舉重金牌　郭婞淳

如果你看過職棒，當運動員受傷時，總會有一位身掛霹靂腰包的人快速從休息區衝到場上處理運動員的傷病問題，他們就是「運動防護員」，運動防護員除了幫助選手面對傷病，你知道嗎？有許多防護員更成為選手的心靈同伴，陪伴球員走過高峰低谷，包含舉重金牌郭婞淳以及羽球一哥周天成都曾經分享，運動防護員在他們運動生涯當中的重要性。

運動防護員有證照嗎？

目前在台灣要如何才能成為合格運動防護員？

目前台灣運動傷害防護員證照，是由教育部體育署委託台灣運動傷害防護學會（Taiwan Athletic Tr ners Society,TATS）辦理檢定考試並頒發證書。最新的考試辦法在二〇一五年更新，要求申請人必須是國內或國外專科以上學校畢業，並且修習了運動防護員檢定相關的課程，並取得了學分證明。這意味著不論是哪個大學或學院畢業，只要修習了相關的課程並取得了學分證明，就可以參加考試。

所需的課程包括運動傷害防護學與實驗、運動處方、運動貼紮與實驗、運動傷害防護儀器之運用、運動推拿指壓學、運動傷害評估學、運動保健學、運動體能訓練、人體解剖學與實驗、人體生理學與實驗、運動生理學與實驗、運動營養學、運動生物力學、運動心理學、運動保健之經營管理、健康管理學以及運動防護實習。

PLG聯盟高雄鋼鐵人防護員包駿鑫分享他的經驗。他原本就讀物理治療系，但發現在原本的課程中並沒有包括所有運動防護員所需的課程。因此，如果想要成為運動防護員，就需要額外花時間修習相關的運動傷害防護課程。他也提到，很多人容易混淆物理治療師和運動防護員，但其實兩者有一些不同。物理治療師是從整體的角度來治療，而運動防護員則針對不同體育項目的傷害有不同的處理方式。不過，兩者的工作也有交疊的地方，當大家能夠拓寬視野並進行跨領域的討論時，可以更好地利用各自的專業知識來提升運動員的表現。這是最重要的核心價值。

防護員就是負責醫療嗎？他們的日常是什麼？

職業棒球在台灣體育圈算是領頭羊，但在防護員的人數跟器材設備仍有很大的進步空間，政府若能投入更多資源協助發展，強化硬體設備，也許能帶動其他運動產業，比如，棒球隊一、二軍選手數量龐大，目前每隊配置六至八名運動防護員，平均一人要負責超過十名選手，在人手相對不足的情況下，球員身上不明顯的傷病可能無法及時發現。

除了照顧球員，運動防護員還需要照顧球團的其他人以及球場的工作人員。只要有人感到身體不舒服，通常都會先去找運動防護員。就像是學校的保健室一樣，需要照顧各種小毛病。即使下班後，如果選手感冒或者出現腸胃炎等不適，防護員也會陪同他們去醫院就診。因為他們與球員經常在一起，所以與球員之間培養出了緊密的情感關係。

包駿鑫也分享，在球員訓練日當天，球隊防護員們基本上會在訓練前的一個小時就到現場，需要把很多的器材跟事前工作準備好，並且針對不同球員的習慣以及身體狀況，協助伸展、熱身、活化。訓練中，另外一個重要的工作就是在場邊隨時觀察，看有沒有意外發生，細微到一個球員跑步姿勢改變都要能發掘可能有異狀產生，而受傷的選手就幫他們治療；訓練後，他們更要幫助球員做恢復的伸展，如果需要冰敷或是陪同看診時，會協助選手跟醫生討論他的身體狀況，甚至要陪伴洋將到醫院當起翻譯跟醫療照顧的責任。

他也分享一個曾經的案例，就是當選手受傷時一定不希望輕易離開球場希望能夠在場上繼續拼戰，如何評估並且說服球員就是一大考驗，一方面要顧及球員運動生涯，一方面也要考慮到球員在球場上的影響力，防護員在此刻就需要做出決策，甚至立即舉出個案可能性與選手討論，比如說，選手腳扭傷但堅持上場，就跟球員約定簡單貼紮處理後讓他上場，但如果腳步真的跟不上就會要求教練把他換下場，此時的防護員不只是治療者，更是與球員、教練團共同評估狀況的關鍵人物。

目前運動防護員待遇如何？可能會遇到什麼困難？

以國訓中心為例，國訓是政府經費挹注的行政法人，因此運科人員起薪仍須受規定限制，運動防護員、物理治療師若為大學畢業，起薪為三萬七千元，碩士則為四萬元；技術人員，大學畢業的，起薪有約三萬四千元，如果是碩士學歷，則為三萬八千元。（國訓中心運科人員，包括防護人員、技術人員、運動營養師、護理師的待遇也一併調整；薪資部分，每個月按照運科人員的資歷，可調高二千元到一萬元不等，這部分所需經費，會由運動發展基金，也就是運彩基金盈餘挹注，自一一一年四月一號正式實施。）

從數據來看，運動防護員的就業比例近年有上升趨勢，但同時資深防護員也面臨退休的問題，相較以往防護員「一打十」，防護員的工作環境逐改善，但他們多會面臨職業傷害、家庭規劃和工作性質不符的問題，尤其防護員的待遇普遍

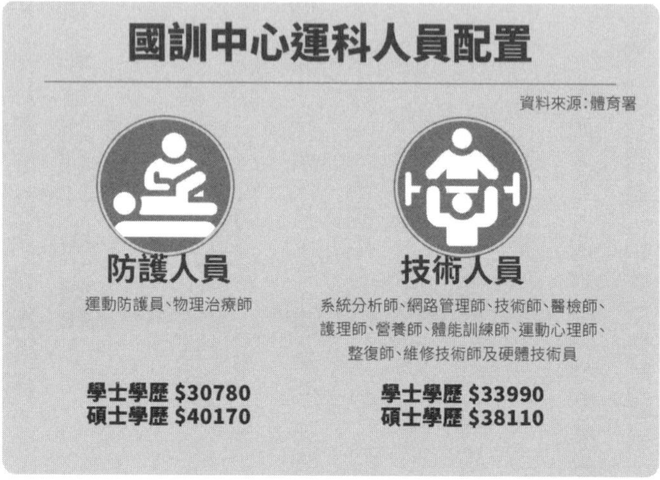

落在三萬五千元至四萬元左右，回頭檢視繁雜的工作內容，這樣的薪資待遇很難留住防護員，即使防護員們比起以往受到了更多的重視，但他們的薪資和工作時長卻不成正比，以職棒隊伍應聘的防護員來說，他們可能上午九時就開始幫選手治療和進行相關處理，比賽開始後防護員也必須在場邊待命，尤其職棒比賽很常進行到下午十時左右，等到他們回到宿舍已經凌晨，如果選手要做賽後的處理，防護員也必須一直待在他們身邊，和一般勞工的基本工時八小時相比，運動防護員不定時的工作時長，一個月薪資普遍落在四萬元出頭，所付出

的時間跟體力相對於他們的收入不成正比，在台灣體壇通常會給予運動員們高額薪資，卻缺少對運動防護員的重視，未能給他們應有的待遇，這也是台灣體壇未來需重視、進步的一塊。

對於運動防護員環境，要往哪些方向進行會更好？

以現在防護員市場來說，大學畢業的薪資基本上有三萬出頭，少數四萬，資歷好的或是碩士或國外回來，有機會可以更高，但運動傷害防護員的工作，因為需要隨時處理突發狀況，其實時間很滿，不容易有時間去開發斜槓的收入，比如說額外接案，這也是這個工作的現實。

關鍵是，我們需要營造一個尊重和重視運動防護員的環境，提供他們合理的薪資、專業發展和工作條件，留住優秀的防護員，就能提高整體運動防護水平，並為運動員提供更好的保護和護理。如果要開始調整，以下或許是可以開始的方向：

1. **調整薪資：**提高運動防護員的薪資待遇，以反映他們所付出的時間、專業知識和體力。考慮根據工作經驗、學歷等因素進行差別化薪資制度，並與相關專業團體合作，制定合理的薪資標準。
2. **專業發展支援：**提供運動防護員進修和專業發展的機會，包括繼續教育課程、研討會和培訓計劃。這將有助於提升他們的專業能力，並增加職業晉升的機會。
3. **健康與安全保障：**確保運動防護員的工作環境安全，提供必要的防護裝備和設施，以減少職業傷害的風險。同時，建立支援機制，如定期健康檢查和心理輔導服務，以維護防護員的身心健康。
4. **工時管理：**訂立適當的工時管理措施，以確保運動防護員的工作時間合理，避免長時間超時工作。考慮安排輪班制度或增加人力資源，以確保運動防護員能夠得到適當的休息時間。
5. **職業地位提升：**提高運動防護員的社會地位和專業形象。這可以透過宣傳推廣、教育大眾關於他們的重要性，以及鼓勵體育團體和機構對他們的正確評價和認可來實現。

6. **與運動界合作：**加強運動防護員與運動員、教練和其他相關專業人員之間的合作與溝通。這樣可以確保運動防護員能夠更好地了解運動員的需求和特殊要求，提供更有效的防護和治療服務。

7. **建立制度支援：**建立相應的制度和政策支援，例如通過適當的法規和標準，確保運動防護員的權益得到保障，並為他們提供適當的福利和保險制度。

圓桌體育大會
影片連結

❶ 運動防護員有哪些工作？

Ⓐ 場邊運動傷害緊急處理
Ⓑ 消除受傷運動員的自我懷疑
Ⓒ 協助運動員與教練溝通
Ⓓ 以上皆是

❷ 要成為運動防護員，要如何預備自己？

❸ 你會想要成為運動防護員嗎？如果你是選手，能夠了解選手跟選手有更密切互動的防護員工作會是你想要延續待在運動產業中的選項之一嗎？

PART 2

超越場上的競技：商業運動的隱藏角色

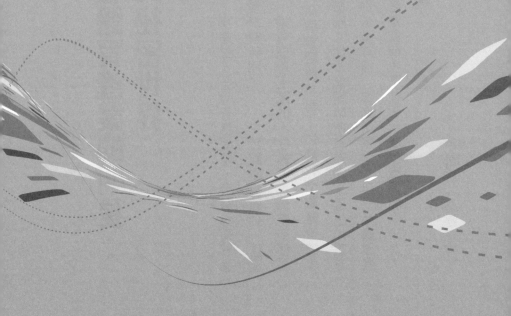

08

暗藏在體育產業的明星：球探的祕密世界

你愛這運動嗎？我是說，全心全意地愛，因為如果不是的話，我們就別浪費時間了……。我熱愛這運動，這運動是我的生命，還有成千上萬的人在等著，他們全都滿腔熱誠，熱誠永遠會戰勝才華。你擁有千載難逢的才華，但你夠熱誠嗎？能不能摒除所有雜念？這是你跟自己的對抗，當你走進球場，你必須確信，自己是最厲害的，即便對手是雷霸龍也不在乎。所以我再問你一次，你愛這項運動嗎？

——Netflix電影《必勝球探》

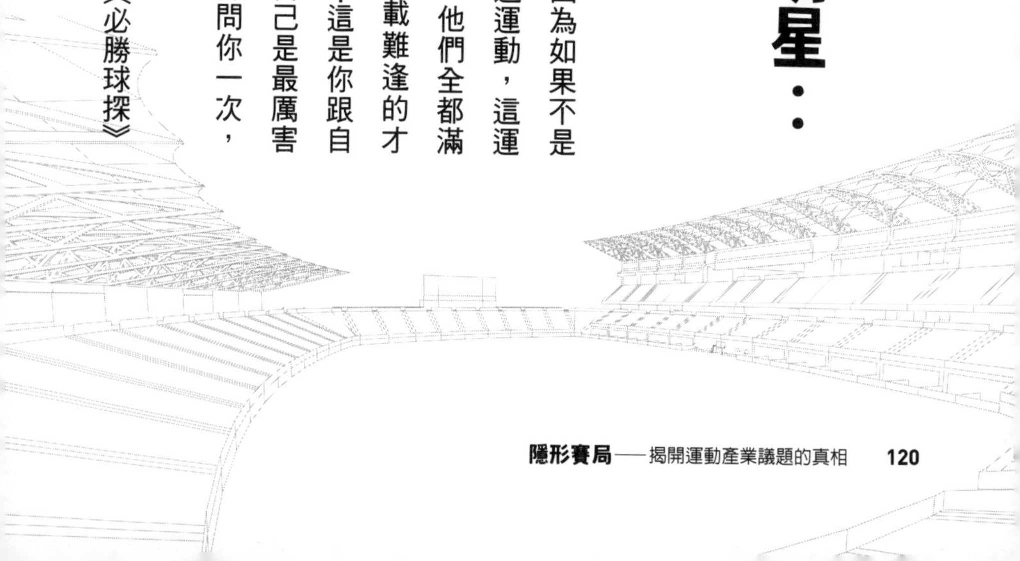

球探是如何挖掘潛力新秀？

一部由喜劇明星亞當山德勒主演的Netflix電影《必勝球探》帶我們走進了一位球探的世界。這位球探在西班牙的貧民窟裡發現了一位籃球奇才，並幫助他成為了NBA的球星。這部電影讓我們看到了運動產業中的球探們是如何發掘出優秀的新秀的，他們又是如何定義「好」球員的呢？

中華職棒中信兄弟的球探鄭凱應告訴我們，球探的工作其實並不像我們看起來那麼簡單。他們要觀看大量的比賽，每年可能要看超過百場比賽。比賽結束後，他們還要寫報告、剪輯影片，並紀錄數據和觀察結果。他們要對每個可能的選手做出詳盡的分析，有時候甚至要從這些選手還在國中時就開始追蹤他們的表現。

有沒有發現，球探的工作其實很像偵探呢？他們要在最早的時候就評估出潛力新秀，並且建立信任的關係。而且他們的工作很辛苦，有時候要不分晝夜地觀察比賽。在職業運動產業中，球探是不可或缺的。

球探在運動產業中的角色是什麼呢？他們負責找出有潛力和才華的新秀，並提供關鍵的資訊和建議給球隊。他們的觀察和評估能力，對於球隊的成功至關重要。他們透過觀察比賽和球員的表現，幫助球隊做出明智的選擇。

球探在運動產業中扮演哪些關鍵角色？

球探是運動產業中不可或缺的角色之一。他們負責發掘具有潛力和才華的新秀選手，並為球隊提供重要的資訊和建議。球探的觀察和評估能力對於球隊的成功至關重要。他們透過觀察比賽和球員表現，為球隊做出明智的選擇和決策。

二〇二二年世界杯的卡達足球球探尼爾（Neil McGuinness）表示：「職業運動中當選手一腳踏入球場，每時每刻他的表現都被放在顯微鏡上觀察，不夠努力又或差劣的表現，都會立即在當天被寫在報告上。現在的球員清楚知道，有人監察著他的一舉一動，我覺得這有助加強他們的效率以至專注力。」球探潘俊榮分享：「其實球探就是會開出一份自己要的名單，通常跟別隊多少會重複到，主要還是依照球隊隊形的需求去排定先後順序，然後去跟教練團開會討論。」

除了基本的技術和能力，球探還需要觀察和評估球員的身體特徵、個性、態度和心理狀態等因素。他們要善於利用數據和影像資料進行分析，以了解球員的潛力和未來發展空間。然而，球探的工作不僅僅是數據分析。數據和影像資料雖然提供了更多資訊，但人類球探可以觀察和感受選手的情緒、互動和背景故事等細微的方面。數據的解讀也需要考慮情境和經驗，並結合人類球探的評估結果。

球探所面臨的最大挑戰之一是觀看足夠多的比賽並持續追蹤球員，這需要耐心和時間管理能力。另一個挑戰是從龐大的資料中找出關鍵指標並做出準確的評估，這需要深入的知識和洞察力。此外，球探還需要應對不確定性和變動性，因為球員的表現和潛力可能會隨著時間和環境的變化而改變。

球探所面臨的最大挑戰是什麼？

根據報導和資料整理，近年來大聯盟球探數量減少，二〇一九到二〇二一年間平均每隊砍掉五名職業球探，其中的原因是新冠肺炎疫情以及大聯盟整體產業的結構性改變，科技的發展和數據分析工具的應用提高了球員評估的效率，使得球探的角色有所變化，但難道這表示球探工作會被AI機器人取代嗎？球探工作未來的價值又是什麼呢？

其實，球探工作並非僅僅是分析數據。人類球探具有科技、數據和影像資料無法取代的優勢，且與數據並不是二元對立關係。球探能夠觀察球員的情緒、肢體語言、場下互動以及背景故事等無形資產，這些對於球員的評估和選拔同樣重要。

球探的價值在於能夠以人的角度去了解球員，而不僅僅是計算出來的數據。他們的觀察和互動能力使得他們能夠發現球員的獨特特質和潛力。球探對於球隊來說，能夠提供第一手觀察、了解球員的無形資產和個性脾氣，這些對於球員的發展和適應能力同樣重要。

因此，球探的工作不僅僅是數據分析，而是結合科技、數據和人的觀察與評估綜合分析。未來的球探應該不斷學習和適應最新的數據概念和科技工具，並保持綜合經驗、知識能力和直覺，與數據相輔相成。這樣的球探將成為球隊最有價值的資產，並能提供獨到的視野和判斷能力。

成為球探的必備條件？

年輕時曾是威廉波特世界少棒錦標賽選手的鄭凱應，曾去過小聯盟進修，是青棒最年輕的投手教練，但因受傷和投手失憶症的困擾，他轉向了球隊管理和教練的方向。他從高中畢業後就開始學習如何教球，並學習如何與球員溝通。他意識到運動員需要更多的言語表達能力，於是通過觀察名人對談、球星在媒體上的回答等方式來提升自己的說話技巧和表達能力。

鄭凱應提到球探的角色並不僅僅是看球員的好表現，更希望了解球員的個人特殊故事和對棒球的看法。他認為看清自己的現實面是很重要的，不要過度執著於成為職業球員，因為人生有很多種成功的定義。他認為當一個人過於執著時，他問的問題就會是如何改進自己，而他會建議該嘗試不同的方向，如果還是無法達到目標，也可以探索其他事物，找到自己的興趣和目標。

至於成為一位球探所需的必備條件，鄭凱應認為有三點：

第一是溝通表達能力跟口才很重要，要能夠說服選手跟利害關係人。作為球探，與球員及其家人建立良好的關係至關重要。舉例來說，當球探發現一位具有潛力的年輕球員時，他需要與球員和其家人進行溝通，解釋球隊的興趣和發展計劃，並說服他們選擇加入球隊。球探的溝通能力和口才，包括能夠清晰地解釋球隊的願景和目標，以及為球員提供未來發展的說服力。

第二是要能掌握第二外語，特別是英語，也是很重要的能力。在國際球探活動中，特別是在美國職棒大聯盟（MLB）等職業聯賽中，英語是主要的溝通語言。球探需要能夠流利地使用英語，以與國際球員和其他球探進行交流。舉例來說，當球探前往其他國家觀察球員時，他們需要與當地球員、教練和代理人進行溝通，了解球員的背景、能力和發展潛力。能夠掌握英語作為第二外語，將有助於球探更好地了解和評估國際球員。

第三是球探自身的能力和經驗也非常重要，需要多觀察比賽，用時間累積對球員的了解和經驗。舉例來說，一位球探在觀察一場棒球比賽時，需要注意球員的技術、身體素質、競爭能力以及心理表現。透過觀察多場比賽，球探能夠累積對球員的了解，並分析他們的優點和缺點。例如，球探可能會注意到一位投手的球速、球

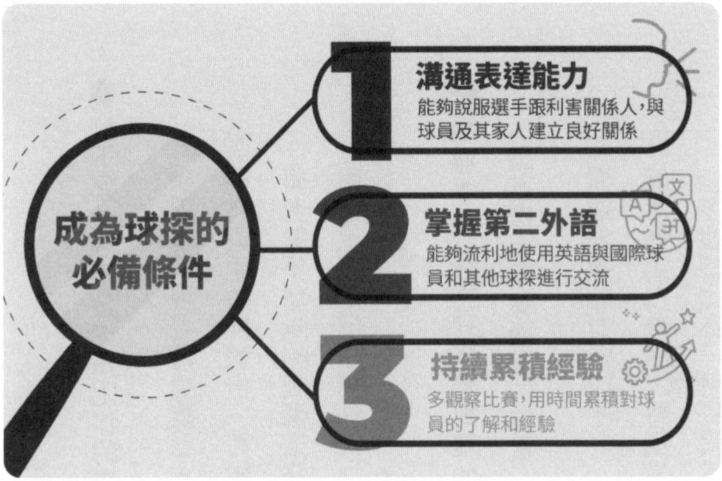
成為球探的
必備條件
1
溝通表達能力
能夠說服選手跟利害關係人，與
球員及其家人建立良好關係
2
掌握第二外語
能夠流利地使用英語與國際球
員和其他球探進行交流
3
持續累積經驗
多觀察比賽，用時間累積對球
員的了解和經驗

種多樣性、控球能力和戰術選擇，並透過時間累積的經驗來評估該投手的潛力和適合的發展方向，當然有時候也需要仰賴球探的直覺，畢竟球探的選擇會影響到球團的利益，更是他展現價值的地方。

總結而言，成為一位球探並不一定需要先擔任過球員或是教練，但口才、第二外語能力以及球探自身的觀察能力和經驗是必要的條件。鄭凱應希望選手們能夠早日了解自己的優勢和不足，並規劃自己的未來生活，這也是他在球探角色中給予球員們的衷心建議。

圓桌體育大會
影片連結

❶以下哪一個不是球探工作的主要任務？

Ⓐ到現場或現場轉播觀看大量比賽

Ⓑ撰寫選手數據報告、剪輯影片紀錄，並將觀察結果匯報球團

Ⓒ研究對手球隊的戰術策略

Ⓓ與選手建立信任關係

❷根據中信兄弟球探鄭凱應的說法，成為一位球探需要哪些能力？（請選擇出所有適當的答案）

Ⓐ溝通表達能力與口才

Ⓑ能掌握第二外語，特別是英語

Ⓒ能多觀察比賽，用時間累積對球員的了解和經驗

Ⓓ 高水準的棒球技術
Ⓔ 曾經有過教練經驗

❸ 人類球探具有那些科技、數據和影像資料無法取代的優勢？

09

運動IP品牌行銷：如何萃取運動中的IP，做好運動行銷？

有效的行銷，
是針對正確的顧客，
建立正確的關係。

——行銷學之父　菲利浦．科特勒
（Philip Kotler）

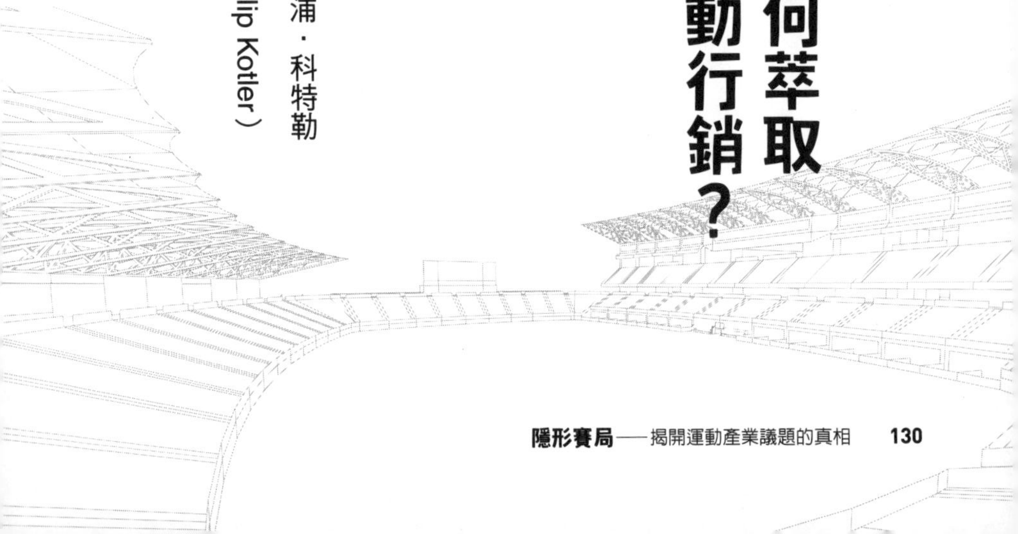

運動行銷可以怎麼操作？抓住哪些重點才是好操作？

運動行銷是商業行為，目的是讓商品變成迷人的角色，成功吸引大家的目光，打入市場完成銷售，在我們生活中最容易有感的運動行銷就是職業球隊，以PLG職籃新竹攻城獅為例，許多人都說這支球隊的操作可以說是近年來的最值得討論的運動行銷範例，甚至開玩笑稱球隊行銷人員是行銷之鬼。

新竹攻城獅到底有什麼祕密武器，讓他們人氣持續高漲？甚至連續兩年獲選為聯盟最佳主場呢？球隊的行銷頭腦，總監余涵跟我們分享她的祕密，如何將新竹攻城獅打造成一支「新竹人的球隊」，這支球隊股東由許多新竹的在地企業加入，就像家鄉選出的超級英雄，透過以下三大招式，成功吸引在地球球迷，打造一支在地好球隊。這三個方法分別是：

- 體驗式行銷，邀請全家大小一起參與球隊的每一個精采時刻，就像是一場全家人的冒險之旅。
- 深耕在地、經營社區，緊緊抓住在地社區的心，再將品牌打造成人人都認識的網紅KOL。
- 像變色龍一樣不斷變換主題，靈活調整策略，吸引不同的人甚至是非球迷都想要來欣賞比賽。

從攻城獅的案例中，我們看見，行銷以及品牌經營的密碼在於，需要多方嘗試並親身體驗，才能抓準市場需求以及脈動，傳達核心價值並喚起消費者共鳴，在品牌與消費者相輔相成之下極大化社群效益。

什麼是品牌行銷中的智慧財產權IP？

你知道超級英雄嗎？比如說蜘蛛人，鋼鐵人，或是美國隊長。他們都有自己的特殊能力，穿著自己的獨特服裝，還有他們獨有的口號和精神。比如說，蜘蛛人的口號是「偉大的力量，伴隨著偉大的責任」。所有的這些，包括他們的名字、形象、特殊能力、口號，都是他們的「IP」，也就是他們的特權，是別的人不能隨便複製或偽造的。

現在，我們把這個想法應用在運動上。比如說一個職棒球隊，他們也有自己的名字，像是「中信兄弟象」，他們有自己的口號，也就是「苦練決勝負，人品定優劣」，這也是他們的IP。他們可以把這個IP印在他們的球衣，帽子，或者手機殼等等商品上，這樣一來，只要你看到這個口號，就會知道那是「中信兄弟象」的東西，而且也會覺得那個商品有特別的價值，因為它代表了他們的精神。

所以，IP就像是超級英雄的特權，是他們的特殊能力、服裝、口號等等的總合。它讓他們在眾多的英雄中獨樹一幟，也讓他們的商品有特別的價值。對於一個球隊或者一個運動品牌來說，建立自己的IP就像是創建自己的超級英雄，讓他們在眾多的對手中脫穎而出。

IP如何應用在運動行銷當中？

像是愛迪達（adidas）和將門（jump），他們都是從運動鞋起家，但你覺得，哪個更像是電影中的主角（IP）呢？

顯然是愛迪達，因為他不僅僅有運動鞋，還變身成了衣服、沐浴乳、男性保養品等不同的角色。如果在衣服上印的不是愛迪達，而是將門，會有多少人還會喜歡呢？答案顯然會減少，但這並不是說將門的角色表演得不好，而是有些品牌在跨出既有的舞台後，影響力還能持續發光發熱，就像是真正的主角（IP）。

愛迪達就像是一個超級英雄，他的影響力可以超越運動鞋的舞台，讓衣服製造者相信，只要印上愛迪達的符號，衣服就會變得更有價值，也會有更多人愛上這件衣服，因此他就是一個主角（IP）；如果將門做不到這一點，那他就只能是一個配角。

這個思考方式，也可以運用在運動行銷上。如果一支球隊或是一個運動用品品牌，即使離開了自己的舞台，影響力仍然可以蔓延到其他商品，那他們就是真正的主角（IP）。而最厲害的主角，就是無論在哪裡，你都會很想與他們一起合作，就像愛迪達，還有新竹攻城獅。

發掘你的運動IP：打造你的運動品牌與行銷策略

知名的網路行銷專家秋葉老師，對於個人IP塑造給出四個具體的衡量方法：內容值、人格化、影響力、次文化。讓我們一一來解釋，該如何打造你的運動品牌與行銷策略。

首先，如果你想建立一個成功的運動品牌或IP，首先你必須確定你的「遊戲策略」，也就是你的品牌有什麼獨特的價值。這就像籃球場上的教練一樣，他必須確定他的球隊有什麼特別的技巧或策略，才能在比賽中打敗對手。你的品牌需要有自己的特色，像是特別的知識或技術，或者一個獨特的故事，就像籃球隊的獨特風格

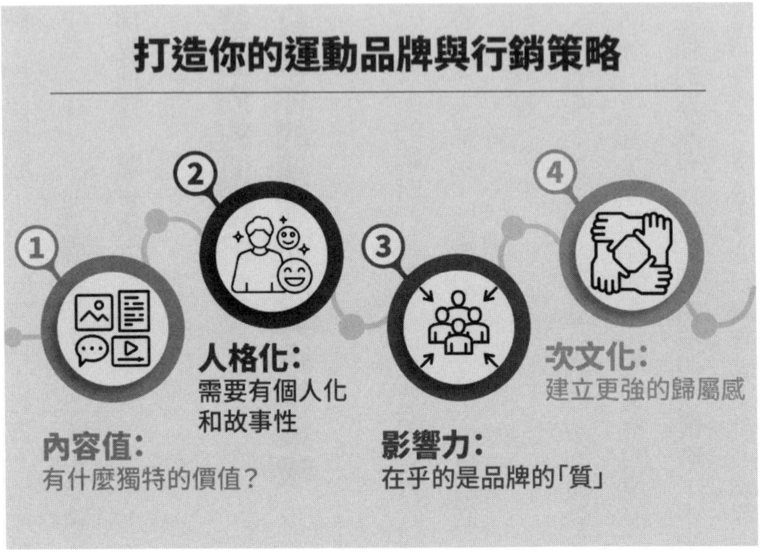

和戰術一樣。打造個人IP，更多的不是追求多少人點讚、認同自己，而是自己可以為多少人帶來正面影響與改變。

接著，你的品牌需要人格化和故事性。這就像籃球場上的球員一樣，他們不只是在場上投籃，他們也有自己的性格、特色和故事，讓球迷更想要為他們加油。你的品牌需要有自己的風格和故事，而不是追求模仿大咖，因為再怎麼複製我們也無法複製一個人的生命歷程，讓人們記住你，並願意為你的品牌支持買單，一定是來自你人格化的故事。

然後，你的品牌需要有影響力。這就像籃球場上的明星球員一樣，他們的每一個動作都能影響比賽的結果。你的品牌需要能夠影響人們，讓他們受到你的品牌的吸引，並願意支持你的品牌。雖然超級英雄可能有很多粉絲，但他們真正的力量是在於他們能夠對社會造成的影響，而不只是他們的粉絲數量。同樣地，一個成功的品牌，更在乎的是品牌的「質」，而不只是「量」。

最後，你的品牌需要有自己的次文化，就像籃球隊的球迷一樣，他們有自己的口號和打氣方式，讓球隊有更強的凝聚力。當一個超級英雄變得越來越受歡迎，他們的粉絲可能會形成一個獨特的社群，就像是一個迷你的超級英雄城市。你的品牌也需要有自己的次文化，讓你的粉絲有更強的歸屬感。

勇敢踏上冒險的起點，解鎖你的行銷才華：想投入運動行銷，我要如何預備自己？

•起步（洽談、企劃）

第一步就像是業務接案，但是運動行銷的市場狀況相對特別，對方往往是規模比行銷公司或是球隊本身大上數倍的國際品牌，所以行銷團隊必須先證明，為什麼應該辦這個比賽或活動？憑什麼是最能勝任的執行團隊？

•中段（行銷）

談定賽事或活動後，才是正式戰鬥的開始。辦一場ＭＬＢ比賽，從付給對方的授權金、包機費、場地費、隨行人員等等，林林總總加起來，花個幾千萬都是稀鬆平常，而要如何籌集款項，就得靠自己來想辦法了。

經費通常會化為三種樣貌出現：轉播單位、贊助商和觀眾。要辨別轉播單位很簡單，看轉到哪一台可以看比賽就知道是誰出錢了，當然有些賽事允許標下轉播權的公司，再將訊號轉租給同地區其他公司，例如近年世界盃台灣轉播權就是這種模式，這就是支付權利金。

• 最終難關（當天活動執行）

比賽當天、觀眾或是消費者進場，然後，就是驗收過去努力的時刻了。除了比賽內容之外，有太多意料不到的事情可以讓觀眾覺得不完美：下雨、飲料不冰、廁所不乾淨、停車不方便、進場排太久、中場沒爆點。當然還有幕後球迷看不到的那些危機，像是：大牌球星行程不受控制、工讀生脫隊跑去要簽名、大銀幕MV卡住讓全場尷尬，只要發生狀況就想辦法克服。而最終要達成的目標還是讓參與者被運動「感動」。

前面談到運動行銷的工作內容，在許多人的眼中，看見的都是有能夠參與重大品牌的活動，例如台北馬拉松、NBA cares，但正如同工作內容裡面所提及的工作範疇，可以說是包山包海，幾乎沒有一個盡頭。因此，簡單歸納出以下幾種特質，是能夠在運動行銷中繼續支撐下去的關鍵。

• 沒有交際恐懼症

要能快速理解各種知識，關鍵不在於自己一直悶起頭找資料，最快的方法就是去問，舉例來說，今天一個路跑的活動他需要製作特殊的金屬廣告架，金額以及做工都有要求，你能夠解決嗎？對鐵工或是材料不熟怎麼辦？你敢走進鐵工廠裡面直接詢問嗎？或是泡一天在工業區？人最難的就是走進三教九流當中，我們都習慣期待自己跟高層對話，但其實社會的各個階層都是知識的寶庫，當我們跟誰都能混在一起、溝通，我相信就是成功的第一步。

• 能系統性分析歸納提案

當你在外搜集龐大的資料，如何在其中選定一套最適當辦法就需要好好靜下來比較分析，對於許多人來說，看到龐大的資訊量就已經夠嚇人，其實只要每天紀錄一點，就會事半功倍，比如說每天透過心智圖重新分析目前專案狀況，也可以透過製作圖表來幫助自己快速釐清與比較。

• 預期失敗與挫折

運動行銷不是一個自己說了就算的行業，你有你要負責的客戶，而客戶的要求或期待跟你的規劃不一定會一樣，舉例來說，愛迪達的跑者計劃團隊每週都要跟愛迪達開會，你能否接受你規劃一週的計劃在例會完全被否定，又要承接客戶新的要求，這就是挫折感，但在這時，你若是一個敢於交際以及系統性的人，就能夠穩健開啟溝通，因為客戶的要求也不是就要照單全收，在這個過程中，雙方的溝通順暢與否將決定專案計劃進行成敗。

圓桌體育大會
影片連結

❶ 文章中提到打造運動品牌需要考慮哪四個具體的衡量方法？

Ⓐ 風格、故事、策略、效果

Ⓑ 內容值、人格化、影響力、次文化

Ⓒ 品牌形象、價值觀、社交媒體、粉絲數量

Ⓓ 創意、時間、努力、目標市場

❷ 關於人格化品牌，以下哪個選項最能反映文章所述的重要概念？

Ⓐ 模仿成功的大品牌

Ⓑ 追求最高的粉絲數量

Ⓒ 展示品牌背後的真實故事和價值觀

Ⓓ 專注於品牌的商業價值

❸ 運動「品牌」跟運動「IP」差在哪裡？

❹ 要把運動行銷做好需要具備哪些特質？

10

運動場上的幕後英雄：運動經紀人

很多優秀選手會有個迷思，認為找個經紀人，一切問題都可以解決；其實一切的核心還是在選手自己身上，選手不持續突破自己，就沒有辦法創造出機會跟舞台。

——前勁國際運動管理顧問有限公司執行長、運動經紀人　Steven

運動經紀人是近年的新興產業，早在《儒林外史第二十三回》中：「家裡做個小生意，是戲子行頭經紀。」就有提到「經紀」這個詞，指的是居中買賣的人。由於運動產業中的核心角色：運動員，他們除了需要長期的訓練、比賽之外，運動場外選手也要處理代言、商業合約、自我行銷、財務管理、公共關係維護等繁瑣的事務，也因為訓練就已經占據他們一大半的時間，因此繁瑣的行政事項往往會聘用助理或是運動經紀人來處理，同時也讓自己在談新合作時有個討論對象，幫自己的運動生涯更上一層樓。

究竟運動經紀人的工作內容是什麼？如果想成為一位出色的經紀人，該具備什麼專業能力與特質？而想要幫助選手創造更棒的社會價值與形象的經紀人，又可以怎麼做呢？

運動經紀人到底都在做什麼？

查爾斯運動行銷的負責人查爾斯本身就是位運動經紀人，他說：運動經紀人大概有兩種基本類型，首先是需要認證的「賽事經紀人」，這類經紀人在國際上相當常見，主要就是安排選手參與對應的賽事，例如國際田徑總會有提供經紀人認證，只要通過認證的經紀人，就可以安排旗下選手參與國際田協的比賽；另外像是MLB美國職棒大聯盟的經紀人也有認證制度，甚至還需要定期上課，才能替旗下球員與球團談約與交涉。

另一種經紀人就是像查爾斯這樣的類型，他將自己定義為「公關型經紀人」，業務內容相當多元且複雜。以查爾斯自己來說，他既是運動員的代理人，要幫忙處理選手「訓練、比賽」以外的事情，還要把關廠商代言邀約、合約談判、運動員形象塑造、社群行銷、法務合約審核等，都是運動經紀人的工作。

不過，運動經紀人並非萬能，怎麼可能在上述各種業務領域都通盤明瞭，因此運動經紀人需要找到各個領域的專業人士，如法律、財務等人才來協助運動員，幫忙運動員在訓練與比賽之餘，可以沒有後顧之憂。

查爾斯坦言，運動經紀人有點像是個統籌、整合的角色，透過各種關係、人脈找到運動員「需要」的人或資源來幫助運動員更好，同時有經紀人在，明確的分工也更可以提升整個團隊的效率，以台灣現階段的環境而言，廠商可能會透過教練來找選手洽談，但教練在幫忙選手訓練、比賽這方面已相當忙碌，會增加許多負擔，這時若能有一位有經驗且專業的運動經紀人幫忙處理相關事務，必定會有事半功倍的效果。

「運動經紀人」並不是選手的「助理」而已，其中最大的差異在於，助理無法「代表」選手回應問題，但運動經紀人可以。查爾斯強調，運動經紀人實際上應該要成為選手的分身，除了比賽、訓練之外的事情有權力代表選手全權處理，而要擁有這樣的信任關係，當然在事前的溝通、默契的培養等，自然是相當重要。

運動經紀人需要具備哪些能力呢？

運動經紀人在台灣算是一個新興的職業，雖然體育署現在有針對不同項目運動的經紀人規範，但整體規模不大，整體運動環境相對於歐美大國，台灣體育依然市場小、相對弱勢，也因此投入這個領域的人還不太多，不過仍有不少運動員或是相關背景的人，對這行業相當嚮往，自然會想要問：「成為一位運動經紀人，需要具備什麼樣的能力呢？」

前勁國際運動管理顧問有限公司執行長，同時也是台灣最速男楊俊瀚、賽車選手陳意凡、桌球職業國手廖振珽等選手經紀人的Steven認為，運動經紀人需要的能力可以分成硬實力跟軟能力兩種，**硬實力**像是以下四點：

1. **語言能力**：可依照不同項目可以選擇不同語言，例如足球可學西班牙文，進軍日職要會日文，英文「是」經紀人的基本功。
2. **法學知識**：法律專業當然可以委外，但自然就會多一筆費用且談判時間會拉長。能閱讀合約條文或是簽約，基本能判斷合約中的合理性以及選手權益是否受損，也是運動經紀人需要具備的基本。
3. **禁藥知識**：需持續更新WADA國際禁藥組織的禁藥規範。
4. **財務知識**：控管選手商業合作金流。

至於**軟能力**，Steven也提出了四點：

1. **時間管理能力**：一個運動經紀人不會只照顧一名選手，因此時間管理跟工作排序規劃的能力相當重要，若涉及跨國合作還會有時差問題，甚至會需要二十四小時on call聯絡的狀態。
2. **溝通表達能力**：社群時代，多工具、多平台的文字、視訊或口語溝通，如何傳遞選手真實的想法，同時轉譯廠商、活動商的想法讓選手理解，需要擁有同時與多方不同利害關係人溝通的能力，要耐得住反覆溝通。
3. **邏輯整合能力**：經紀人需要時常跟選手討論規劃未來，計劃商業活動藍圖，因此擁有像是專案管理、提案企劃能力，展現自己思緒的嚴謹與邏輯清晰，才能在商業合作中運作順暢。
4. **危機處理能力**：最優秀的運動經紀人只處理意外，因為所有東西都可以規劃，但當真的遇到突發狀況時，能夠冷靜處理意外，才是選手的最佳靠山。

運動經紀人需要具備的硬實力&軟實力
語言能力
因應不同項目需要可以選擇不同語言
法學知識
基本能判斷合約中的合理性以及選手權益是否受損
禁藥知識
需持續更新WADA國際禁藥組織的禁藥規範
財務知識
控管選手商業合作金流
時間管理能力
經紀人常常不會只顧一名選手，因此時間管理跟工作排序規劃的能力相當重要
溝通表達能力
需要擁有同時與多方不同利害關係人溝通的能力
邏輯整合能力
展現自己思緒的嚴謹與邏輯清晰，才能在商業合作中運作順暢
危機處理能力
當真的遇到突發狀況時，能夠冷靜處理意外才是選手的最佳靠山

想要成為一位優秀的運動經紀人，除了需要具備以上的專業能力和特質，也需要有一顆關心和理解運動員的心。運動經紀人的角色並不僅僅是個協助處理事務的人，他們更是運動員的夥伴，是他們在賽場上和賽場外的強大後盾。

經紀人是如何幫選手塑造形象的呢？

為什麼運動員的形象很重要？其實運動員是屬於「被動式」的公眾人

物，只要你拿下成績的那刻，就算不想被報導，也會有一堆媒體搶著要報導你，「自己想不想紅」是沒有辦法被選擇的，而對於所有運動員來說，追求好成績就是最終目標，任何人都有可能面臨爆紅的那天，言行肯定都會備受關注，也因此，自己的形象塑造與管理隨時都要準備好。

形象管理或是面對媒體的能力都是需要經過訓練的，在現在的社群時代，隨時都有可能發生公關危機，因此平時運動經紀人就要協助選手做好口語表達的強化，選手也要有自主意識知道自己言行的影響性。不過，從現實層面來說，在台灣運動員聘請專業經紀人的例子仍不算太多，一來選手是為了省錢，二來是沒有意識到專業的重要性。

台灣選手很多是由教練協助接洽合作，或是由親戚、朋友、父母、兄姊等來擔任經紀人或溝通窗口的角色，好處是，家人比較了解選手個性，信任關係也夠，但有可能專業能力不足，仍需持續學習，但如果是由朋友或同學協助當經紀人，仍需注意合作發生爭執時的法律問題，因此有經驗的經紀人會建議，無論誰在幫助你，都要將合作關係明確地寫在紙上，用白紙黑字的合約簽名，提前思考到拆帳、費用等問題，以避免將來延伸不必要的糾紛。

運動員有了經紀人以後，就可以紅起來了嗎？

「其實我也不是每位選手來找，都能夠幫得上忙。」經紀人Steven說得坦白，卻也憂心。「我非常在意選手到底對自己夠不夠了解，所以我一定會問他，你想要的是什麼？你想要成為什麼？這第一個問題如果沒辦法回答，我可能很難協助他找到突破點。」對此，Steven鼓勵選手，要頻繁溝通自己未來方向，才能跟經紀人一起找出前進的共識。站在運動經紀人的角度，與廠商談合約時，也不會是全盤接受，挑選什麼合作才是對選手適合、加分的，像是公益形象、企業社會責任等等，總之雙方都要回到「照顧運動選手權益」的根本，才能以終為始的提供選手當下最需要的協助。

「運動員的生涯其實起起落落才是常態，最重要的還是要陪伴運動員，並提供明確的多向選項，安定運動員的心理狀態。」Steven一語道出了核心，只有把選手利益放在經紀人的利益之上，才能設身處地的體貼運動員。「如果為了更好的形象，運動員有一些小缺點，要建議他改善嗎？」Steven的想法卻是相反，運動員花大量的時間做運動與訓練，如果不是做人處事或溝通上的弱點，而是個性上的小缺點，反而可以找出符合他個性的品牌形象，並且嘗試專注放大自己的優點和本質，可能會更有市場的差異性與獨特性，更容易創造與廠商合作或邀約的機會。

「很多時候，不一定要在選手的弱點上做強化，其實可以倒過來，強化選手的優點和本質做出發。」Steven敢這樣做，其實是基於跟選手之間的互信與頻繁溝通，需要時常建立共識，了解偏好並教育選手一些進入社會需要的觀念，才能協助選手的生涯走得更長久。像是經紀人查爾斯跟陳傑選手就是一個例子，兩人原本並不相識，因此在達成彼此的想法與共識上自然要花更多時間。查爾斯也說：「我並不是要把陳傑塑造成我想要的樣子，而是要根據他的優點、特性，順著他的『特質』行銷出去，我想要陳傑在創造價值之餘，也能好好的做自己。」也因為這樣，讓查爾斯與陳傑合作之初花了不少的「溝通成本」，甚至還要從選手身邊的教練、物理治療師、訓練師、營養師等人的口中聊天討論，才更全面了解選手不同角度的想法。

「一個運動經紀人千萬不能把自己『想得太偉大』，因為對於很強的選手來說，就算沒有經紀人，他還是很強。經紀人要先學會的是縮小自己，才能最大化的幫助選手。」查爾斯認為，同理心是當運動經紀人最重要的關鍵特質，要能夠理解選手、教練、廠商的想法。在這段過程中，經紀人必須持續學習，找到自己的個人特色也幫助選手發展個人品牌，只有經紀人跟選手同步成長，才是健康的合作。

台灣自二〇一七年台北世大運、二〇二一年東京奧運最強中華隊之後，帶起運動風潮，有更多運動員被看見，也讓運動經紀人這個產業逐漸興起。運動經紀人的工作可能無法那麼直接的幫助選手提升場上成績，但是，他們能徹底發揮選手的最大價值，創造更多的社會影響力，讓你我所存在的社會上，有更多美好故事的誕生。

圓桌體育大會
影片連結

❶ 以下哪一項並非成為一名運動經紀人時應具備的關鍵因素？

Ⓐ 經紀人的專業硬實力與軟能力
Ⓑ 經紀人與選手的信任關係
Ⓒ 經紀人的家庭背景
Ⓓ 經紀人能否與選手頻繁溝通並建立共識

❷ 以下哪項不是運動經紀人協助選手塑造形象的方式？

Ⓐ 協助選手強化口語表達能力
Ⓑ 建議選手全然改變自己的個性
Ⓒ 協助選手了解自己的想法與未來方向
Ⓓ 嘗試放大選手的優點和本質

❸ 關於經紀人的工作，以下哪個敘述是正確的？

Ⓐ 經紀人的工作能直接提升運動員的比賽成績
Ⓑ 經紀人主要的工作是提供運動員訓練技巧
Ⓒ 經紀人應該「縮小自己」，以最大化的幫助選手
Ⓓ 經紀人的工作就是塑造選手成為經紀人想要的樣子

11

賽事的流量密碼？
啦啦隊與賽事本身誰才是老大？

培養一支冠軍球隊，需要多少出色球員同時達到巔峰的匯集？至於啦啦隊，年復一年，反正都有年輕貌美女性前仆後繼地投入這舞台……對於職業運動球團來說，是否可以不問目的，只要有人進場就好？

——威斯康辛大學新聞與大眾傳播博士、國立體育大學教授　陳子軒

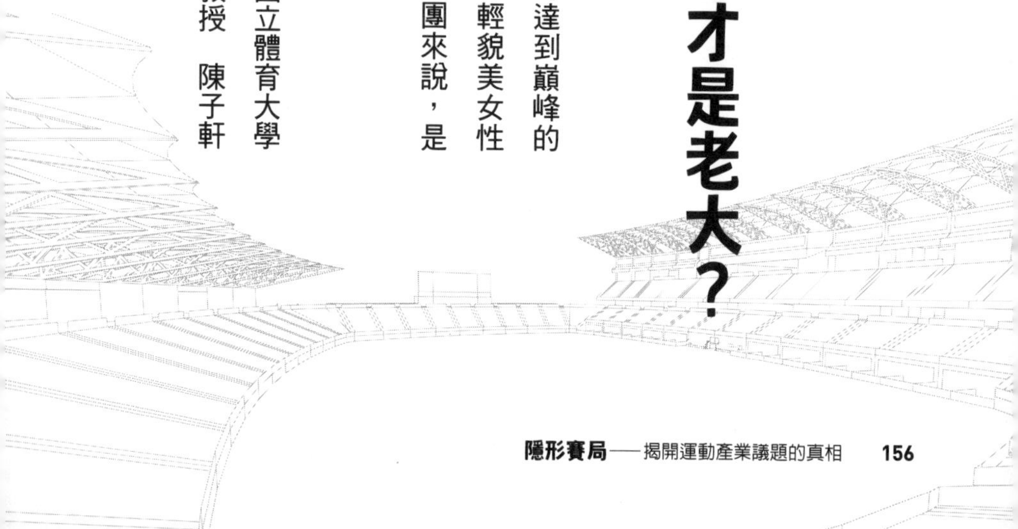

「一粒、小龍女、林襄、峮峮、李多慧」這些名字你都聽過嗎？這些中華職棒的啦啦隊，用應援的方式在場邊帶動，疫情期間打出世界的第一棒在全球受到關注後，台灣的啦啦隊應援文化也逐漸走向國際，在美國、日本等職棒舞台展現台灣魅力，現在棒球、籃球等職業球隊皆有自己的應援團，甚至啦啦隊員反向進入娛樂圈成為一股新的勢力。

回顧歷史，最早有組織的啦啦隊是在十九世紀的普林斯頓大學誕生，當時清一色都是「男性」擔任啦啦隊，直到一九二〇年代，明尼蘇達大學啦啦隊首度有女性參與，原因是二次大戰期間大量男性被徵召入伍，才由女性頂起了為場上運動員加油打氣的工作。隨著運動職業化，以場內的陽剛球賽，搭配場邊的女性啦啦隊，這一兼二顧的點子，更穩固了以男性為目標觀眾群的運動產業。不只是棒球，這兩年P. LEAGUE+與T1聯盟帶起職籃風潮之餘，啦啦隊同樣是各隊籌備過程中必須打勾的條件，甚至從二〇一〇年代起，從La New熊、Lamigo桃猿到樂天桃猿，許多大砲等級的攝影機可是全部對準啦啦隊，場上戰況反倒成為其次，才因此有網友們所戲稱的「樂天女孩附屬棒球隊」現象，反映出台灣啦啦隊極高的「市場性」。

有需求才有供給，在全世界的棒球國家都面臨球迷老化的共同挑戰下，啦啦隊做為運動賽事中的「情緒性」、「儀式性」、「市場性」的存在，該如何讓粉絲在三個小時的球賽中不無聊可以一直看下去？該如何讓更多人願意進場看球？以及對啦啦隊來說要如何找到自己角色存在的意義？甚至是要如何將粉絲流量轉換成收益（正妹經濟或宅經濟）？都是值得被好好討論的話題。

啦啦隊經紀是如何運作？啦啦隊女孩們的工作內容又是什麼？

國內經營最久的職業聯盟，中華職棒已經超過而立之年，啦啦隊女孩的角色也逐漸轉變，不再僅限於傳統的舞蹈表演，開始步入綜合娛樂產業的領域。從過去純粹的表演，如今的啦啦隊女孩已經不僅僅是在場上熱情應援，更是扮演著多重角色，如主持、演戲、唱歌、協助銷售商品等。這種轉變使得啦啦隊女孩在娛樂圈中的地位日益上升，自身所帶來的粉絲和流量也越來越受到重視。

知名啦啦隊總監及經紀人「恩豆」在圓桌體育大會擔任嘉賓分享，啦啦隊領域競爭其實是越來越激烈，啦啦隊女孩要贏得觀眾的關注，需要抓住幾個要素，其中最為重要的就是展現出真誠的笑容。笑容不僅可以緩解緊張感，更能夠傳遞出正面的情感，讓觀眾感受到運動場上的快樂與活力。在球場上，啦啦隊員透過觀察觀眾席上球迷反應，抓住亮點進行有趣互動，例如看到穿著敵隊球衣的球迷，用眼神或是表情試圖帶動一起參與。這種互動不僅能夠拉近與觀眾的距離，還能夠創造出一種共鳴，使觀眾更有參與感，加深他們對啦啦隊的印象與喜愛。

恩豆還進一步說明，現在啦啦隊女孩需要具備更加全面的技能和能力。女孩們不僅要有出色的舞蹈和表演技巧，還需要具備優秀的溝通和主持能力，以應對不同場合的需求。此外，她們的形象和風格也需要與時俱進，符合當下觀眾的喜好，這種全方位的「藝人化」發展，有助啦啦隊女孩在運動圈與娛樂圈中更具競爭力，為她們帶來更多的機會。啦啦隊女孩作為綜合娛樂產業中不可或缺的一環，正經歷著從傳統到多元的轉變，她們也需要不斷提升自己，保持競爭力，並在這個多元化的領域中繼續發展壯大。

該如何把運動推廣下去，紮根在年輕人的心裡？是先迎合大眾口味，之後再讓觀眾慢慢喜歡上球賽？是有人進場就好了，還是回歸比賽本質必較重要呢？

在推廣運動的過程中，是否必須倚賴啦啦隊這一項元素呢？運動其實不僅僅是一場比賽，更是一種文化和娛樂活動，因此，我們應該從運動的本質出發，思考如何將觀眾帶入比賽的氛圍當中。運動賽事本身有著豐富的情感和價值，觀眾對於比賽本身的投入與感受，才是運動推廣的核心，但仍不能否認，啦啦隊不僅是賽場的亮麗點綴，更可以成為串聯觀眾與比賽的重要橋樑，讓觀眾更加投入整場活動中積極互動，確實為比賽帶來更多的活力和娛樂元素。

不過經紀人恩豆也分享，在一些敏感場合，保護女孩的尊嚴和權益，也是至關重要的，透過與球團的溝通，選擇合適的活動、保護女孩利益，才能進一步創造雙贏的局面，例如遇到不恰當的服裝要求、不尊重的觀眾騷擾行為、或是性別不平等缺乏專業性的不恰當互動等，經紀人的存在，可以過濾一些不適合的事項，確保女孩參與的活動符合她們的特點和價值觀，啦啦隊們透過與專業有信賴感的經紀人合作，也有助於保護自身權益，確保參與活動時能夠感到安心。

至於有關「本質迷」和「啦啦隊迷」的討論，我們認為，推廣運動可以有很多元的方式，但更首先應該要了解我們的目標群眾與年輕人的喜好，在重視運動賽是本質的前提下，融合流行文化、教育和創新的體驗活動，透過社群媒體與數位行銷，塑造運動場上值得效法的榜樣。啦啦隊的確是增添活力和娛樂元素的一種手段，但球團也應該要反思，專業運動的行銷曝光數量版面是否跟啦啦隊版面比例一致？但相反的，若能夠透過啦啦隊的粉絲號召力讓更多人走進球場，球團能否進一步轉換，讓這群只支持啦啦隊的民眾能夠成為穩定進場看球的球迷？這中間到底是要削弱啦啦隊的影響力，還是應該要提升賽事精彩度跟球場環境，營造成正面的循環，會是接下來各球團都必須面對的功課。

啦啦隊的存在是支持與強化運動場上男子氣概的輔助性產物嗎？運動場上，男生打球，女生加油，究竟在運動場域中的性別分工，向社會傳遞出怎樣的訊息呢？

在查找多篇國立體育大學教授陳子軒老師在報導者的文章資料後，陳子軒教授提出了關於性別刻板印象的議題，非常值得大家重新審視在球場上的啦啦隊性別文化，我們也彙整在圓桌體育大會中跟大家一起討論。

首先，問題的核心在於：是否啦啦隊在運動場中僅強化男性主導的文化。觀察如富邦Angels、樂天女孩等女性啦啦隊，顯示出一種傳統的性別角色分配，就是男生打球，女生加油，然而，這種觀點可能忽略了啦啦隊成員的自主選擇性，當球場應援成為一項「專業工作」時，就有專業上的分工，參與啦啦隊可能是女孩（或男孩）基於對舞蹈和表演的熱愛，而非僅僅支持球場上的運動員而已。

而「男生打球，女生加油」的刻板印象其實也很值得挑戰，例如在U12世界少棒錦標賽中，CT Girls為小選手們加油，但為何不見男性或年長者參與在啦啦隊中？這確實也點出了，啦啦隊中也缺乏性別跟年齡分布的多樣性，雖然亞洲市場普遍歡迎女性啦啦隊，但歐美賽事中男性啦啦隊的出現，也漸漸顯示出對於性別多元性的接受，例如富邦啦啦隊長Travis的高人氣，表明了由男性擔任啦啦隊成員，依然能夠吸引觀眾，可見性別平權不僅限於女性，男性也能參與傳統上被視為女性領導的啦啦隊活動中。

雖說台灣的運動觀賽文化與歐美國家相比，仍處在發展階段，需要透過更多樣化的手段來吸引觀眾，但啦啦隊的存在與功能遠比性別角色分配跟刻板印象要來得複雜得多，啦啦隊角色的現代意義正在持續演變，雖然歷史上存在著一定的性別角色分配，但當代社會正在努力打破這些界限，透過鼓勵不同性別參與各類運動和扮演支持運動的角色，我們可以傳遞出更加平等和包容的訊息。在一個多元化的社會中，我們應該尊重不同的價值觀，同時也應尊重每個人的選擇，應避免將個人選擇框架於單一的性別角色內，反應支持和尊重各種性別表達，才能創造一個更加包容和平等的運動環境。

在運動產業中，行銷尺度要如何拿捏才不會喧賓奪主？還是運動產業本身就需要仰賴最原始欲望的包裝才能行銷呢？

性感行銷「Sex Sells」跟廣告學中的「3B：Beauty（美人）；Baby（幼兒）；Beast（動物）」確實是傳統上博取眼球跟注意力的方法，但卻不一定是轉換率跟品牌連結度最好的方式，許多科技、電信、新創領域中甚至會刻意避免性感行銷，以免影響品牌的黏著度，可見在運動產業裡，如何平衡原始欲望使用的尺度，避免喧賓奪主，成為了一個值得深思的議題，甚是也是球團策略上的選擇。更令人深思的問題是，我們的職業棒球甚至整個運動產業是否脆弱到需要依賴最基本欲望的包裝？或許正因如此，我們需要重新審視運動產業的本質和價值觀。

認為觀看運動男生多所以提供「正妹」啦啦隊就是符合需求嗎？或許男生們並

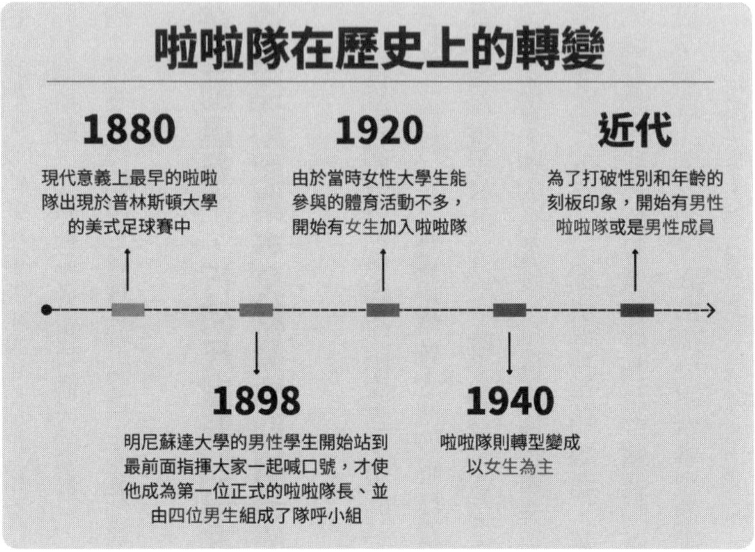
啦啦隊在歷史上的轉變
1880
現代意義上最早的啦啦隊出現於普林斯頓大學的美式足球賽中
1920
由於當時女性大學生能參與的體育活動不多，開始有女生加入啦啦隊
近代
為了打破性別和年齡的刻板印象，開始有男性啦啦隊或是男性成員
1898
明尼蘇達大學的男性學生開始站到最前面指揮大家一起喊口號，才使他成為第一位正式的啦啦隊長、並由四位男生組成了隊呼小組
1940
啦啦隊則轉型變成以女生為主

不介意有正妹可以看，但這與他是否會支持品牌、深入文化也不全然相關，例如電競遊戲邀請女明星飾演女僕，廣告熱播女主角走紅，但遊戲本身的銷售排名卻在五十名外，因為喜歡女孩不等於就會喜歡產品或整場活動，球團也不應該認為有了「正妹」就可以低估球迷們的智商，甚至在台灣文化中依然相對保守，過度宣傳「正妹」反而會傷害專業度與公信力，世界上的事「有一好沒兩好」，沒有絕對的成功方程式，球團更不要期待靠著啦啦隊就行銷成功，以樂天桃園目前狀況來看，是否該引以為戒？

要想吸引觀眾駐足球場包含許多方面，但最關鍵的始終是運動的本質，像是競爭、團隊合作、卓越技巧、運動家精神和選手的努力，成功的運動行銷通常是圍繞著運動的核心價值和運動員的故事進行的，透過講述運動員的奮鬥、挑戰和勝利，不僅可以激勵觀眾，還能促進他們與球隊或運動的情感連結甚至影響社會氛圍。雖說創新的行銷手段能夠吸引觀眾，運動除了娛樂上的感官刺激外，更有文化跟運動精神在其中，涉及到人權的根本精神，且具有教育意義，因此運動行銷應著眼於為不同群體的觀眾創造價值，包括家庭、年輕人、東南亞移工和老年觀眾，這樣才能建立更廣泛、更忠誠的粉絲基礎，若是過度地將焦點放在啦啦隊的性感上，在追求吸睛時忽略了運動本身所蘊含的價值精神、團隊合作、奮鬥和汗水所代表的內涵，其實失去的可能是運動中更大的一部分，豈不可惜？

這確實是個不容易的議題，我們需要思考如何在運動產業中建立一個平衡，既能吸引觀眾，同時也能保持運動的純粹性和真實性。這需要運動團隊、啦啦隊以及相關方共同努力，找到一條合適的道路。當然，這並不是一個容易的挑戰，但透過深入思考和討論，我們有望在運動產業中找到一種更加平衡、更具價值的方向。

圓桌體育大會
影片連結

❶ 在啦啦隊女孩的角色轉變與運動產業變革之間，下列哪個要素被強調為贏得觀眾關注的關鍵？

Ⓐ 舞蹈表演的技巧和精湛程度

Ⓑ 個人的外貌和造型

Ⓒ 展現真誠笑容和互動的能力

Ⓓ 扮演不同角色如主持、演戲、唱歌等的多元能力

❷ 在文章中提到的問題和議題中，呼籲我們重新審視運動場上的性別角色定位是哪一項？

Ⓐ 啦啦隊女孩的多重角色轉變

Ⓑ 啦啦隊女孩的形象和風格更新

Ⓒ 啦啦隊在觀眾中的受歡迎程度

D 性別角色刻板印象和限制對啦啦隊的影響

❸ 請簡述文章中談到的「Sex Sells」在運動產業中的平衡議題以及對運動本質和價值觀的影響。整理後，你對此的觀點是什麼呢？請試著書寫下來。

12

從NBA到台灣：張樹人的球隊管理策略

不是人的問題，
而是要改變體制。

——韓劇《金牌救援：Stove League》

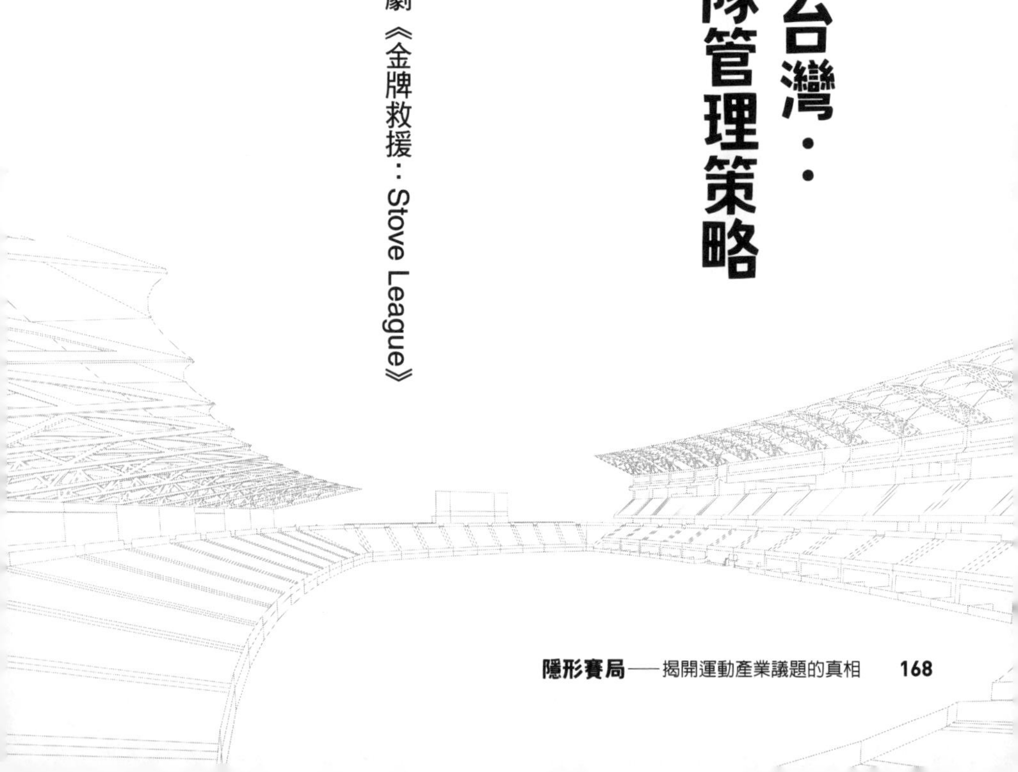

運動團隊後場的指揮家：領隊與總經理的神祕工作

每個運動團隊就像一台大型的機器，需要許多不同的零件彼此配合才能運作得順暢。其中，球員和教練就像是機器的前台，負責在比賽中展現出機器的實力。那麼，這個運動大機器的後台經營者是誰呢？他們就是領隊與總經理。

你可能已經知道教練的角色是指導球員如何在場上表現，但你可能不太清楚領隊和總經理的職責。他們的工作和教練一樣重要，但卻不那麼明顯。他們的工作主要在於管理團隊的各種事務，比如營運、行銷、人資，甚至是球員的選擇等等。

領隊與總經理的角色就像是在一部電影裡的導演。他們不在鏡頭前表演，但是他們需要負責整部電影的拍攝、編輯，甚至是電影的行銷工作。他們的工作內容十分龐大與繁重，但卻是讓運動團隊順利運作不可或缺的一部分。

如果你想了解更多關於領隊與總經理的工作內容，我強烈推薦你可以去看一部

《金牌救援：Stove League》的韓劇。這部劇以棒球團隊的領隊為主角，詳細地描繪了領隊如何解決許多球團運作中的難題，包括球員交易、薪資協商，甚至是內部的鬥爭等等。看完這部劇，你可能會對運動團隊背後的經營和管理有更深入的了解。

在這裡，我們要將領隊與總經理的工作拆解成更簡單易懂的方式，讓我們一起進入運動團隊的後台，看看他們如何運作，讓這個大機器持續前進吧！

打造一個運動大家庭：如何組建一支球隊？

你知道如何從零開始組建一個運動隊伍嗎？就讓我們以一位實際做過這件事的球隊總經理張樹人（Edward）為例，來說說這個過程。

想像一下，你正在創建一個家庭。首先，你需要有一個核心理念，這就像家庭的價值觀一樣。現任PLG聯盟新竹攻城獅總經理，前T1聯盟的祕書長，張樹人過去擔任中信特攻隊總經理時分享，中信特攻隊的核心精神就是「We are family」——我們是一個大家庭。這個精神導引他們的決策，比如說，他們會優先選擇年輕的球員，因為他們相信需要讓新的一代出來接棒，這點跟母企業的精神形象非常一致。

接下來，你需要考慮你的家庭住在哪裡。對中信特攻隊來說，他們選擇了新北市，這是一個人口眾多的移民城市。他們希望透過各種主題日的活動，像是特攻動物園、白色情人節活動等，讓所有在新北的人，不論他們來自何處，住多久，都能感受到像家一樣的溫暖。

然後，有一個地方讓家庭成員可以一起玩，這就像球場一樣。有些時候，你可能需要和其他家庭共享這個空間。這會有一些挑戰，像是需要協調比賽時間、進退場方式等。但只要大家都願意溝通、體諒和包容，就可以解決這些問題。

最後，你需要在你的社區裡建立一個形象。像中信特攻隊，他們選擇了家庭溫馨的形象，讓球迷感覺球隊就像他們的鄰家大哥哥一樣。所以，他們會安排球員到學校擔任臨時的導護哥哥，中午幫忙學校孩子打菜並一起用餐，就是為了傳達這個形象。

打造一個運動大家庭
如何組建一支球隊？

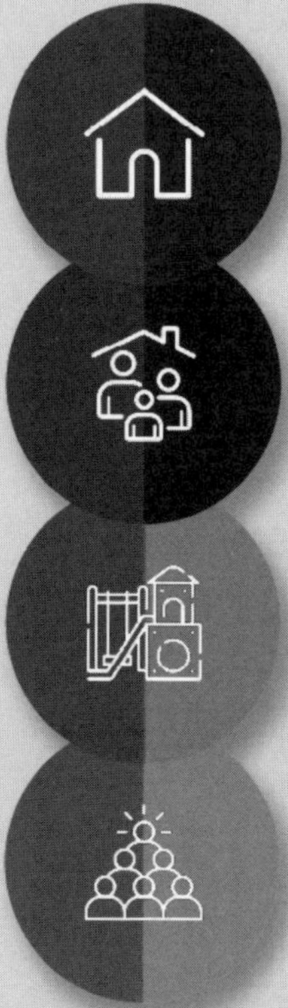

01
首先，你需要有一個核心理念

中信特攻隊的核心精神就是「We are family」——我們是一個大家庭。

02
接下來，你需要考慮你的家庭住哪裡

對中信特攻隊來說，他們選擇了新北市。他們希望不論你來自何處，住多久，都能感受到像家一樣的溫暖。

03
然後，有一個地方大家可以一起玩

就像球場一樣！但有些時候，你可能需要和其他家庭共享這個空間。

04
最後，你需要在社區裡建立一個形象

像中信特攻隊，他們選擇了家庭溫馨的形象，讓球迷感覺球隊就像他們的鄰家大哥哥一樣。

所以，組建一個球隊，就像是建立一個大家庭。你需要有一個核心理念，選擇一個適合的地方，共享資源，並且在社區中建立你的形象。

如何將一支球隊行銷給更多人看見？

前緯來體育台主播，現在是PLG聯盟新竹攻城獅總經理的張樹人，大學時主修中文，但憑著他對體育的熱愛，讓他一步一步走向運動行銷的道路。

張樹人在美國讀書時，經常開車去看NBA的比賽，他說：我追蹤了三十支NBA球隊，其中只有六支是豪門球隊，那剩下的二十多支球隊到底是如何經營的呢？為什麼他們仍然有這麼多球迷會死忠呢？在一次參觀巫師隊主場的經驗，讓他深有啟發。巫師隊在NBA排名墊底，一支墊底的球隊要怎麼行銷呢？他發現有一種票叫做「All you can eat」，也就是球迷只要花三十美元買這張票進場，就可以看所有的比賽並享用場館周邊的所有食物。這樣的行銷策略，確實對學生族群來說有很大的吸引力，這些球隊提供的不只是球賽，還有更多的是體驗，這點讓張樹人深有啟發。

回台灣後，張樹人以其語言優勢借鏡國外經驗，開始投入台灣的運動行銷領域，參與過中職人氣球隊中信兄弟的行銷操作，也曾負責過NBA台灣賽、WBC世界棒球經典賽等大型賽事的公關行銷和翻譯等工作。他認為，運動行銷最重要的是創新思考，要如何將次文化與主流文化融合，行銷公關不只是寫寫新聞稿而以，而是要有能力尋找不同領域的合作機會，例如將戲劇文化和抖音社群結合，讓球賽更多元化，結合實際的預算和執行概念，讓球賽不只是球賽，讓球迷感到更多的情感連結。

張樹人鼓勵所有想投入運動產業的人，不要只看角色和頭銜，而是要看問題解決的能力。要有信心，要持續學習和提升自己的能力。要相信自己可以做到，但也要時刻提醒自己，還有許多事情要學習，要認真理解每件事背後的原因，從反思中學會如何更好地行銷和運營球隊。

成為球隊領導者的挑戰在哪裡？

如果你突然變成一個職棒球隊的領隊，而這支球隊四年來一直在全聯盟中墊底，你該怎麼辦？感覺上，球員球打不好是最大的問題，但實際上，可能有很多背後的困難，像是教練之間的不和，教練間的爭鬥，球隊形象不佳，甚至設備不齊全、落後導致無法好好備戰等。如果你是領隊，你該先解決哪個問題呢？

這個問題看起來很複雜對吧？這就是棒球隊領隊每天要面對的真實情況。一個球隊就像一個大家族，你需要在有限的時間內選擇最有潛力的球員。你需要考慮很多因素，像是年齡、體能、專業技術、品格、以及未來的發展潛力，就好像你在考試中選擇答題的策略，同時需要考慮時間、你的理解程度、問題的難易度和你的記憶力等等。你得找出最有效的方式來分配你的時間和精力。所以作為領隊的你，最需要學習的就是如何整合和分配資源。

這就像韓劇《金牌救援》裡頭，主角白總經理面對的情況。當他剛接手球隊的時候，他馬上調整了三件事：

1. 讓總教練重新掌握實權，並且續簽了長達三年的合約，讓他能夠穩定球隊的狀態。
2. 他與所有部門共同開會，解釋他每個決策背後的原因，讓大家了解他的思考過程。
3. 他允許教練間的爭鬥持續，但要求他們用比賽成績來來證明自己的能力。

白總經理明白，要讓球隊成功，必須先認識到存在的問題，然後用策略思考的方式，逐步改善這些問題。這就像我們在現實生活中面對困難一樣，我們不能只看問題，而要嘗試看看問題背後的原因，然後找出解決問題的方法。

所以，當你面對一個大問題時，別只看到問題本身。嘗試去了解背後的原因，然後找出解決的方法。這就像韓劇《金牌救援》裡的一句台詞說的：「**問題不在**

人，而是要改變系統。」想要好好運營一支球隊，就像是玩一場策略遊戲，需要深思熟慮，也需要有冒險的勇氣。畢竟，像一個資源遊戲一樣，贏家總會是最善於運用資源的人。

圓桌體育大會
影片連結

❶根據文章內容，以下哪個描述最符合領隊和總經理的角色？

Ⓐ領隊負責指導球員在比賽中展現實力，總經理負責管理團隊的營運、行銷和人資等事務。

Ⓑ領隊和總經理的工作都是在球場上指揮球員比賽，協助他們達成最佳表現。

Ⓒ領隊和總經理的角色是一樣的，他們都負責選拔球員、安排訓練，並制定球隊的經營策略。

❷張樹人認為運動行銷最重要的是什麼？

Ⓐ寫新聞稿

Ⓑ結合次文化和主流文化

Ⓒ關注球員技能

Ⓓ聚焦豪門球隊

❸ 根據文章內容，以下哪個是有效的運動行銷策略？

Ⓐ 將戲劇文化和抖音社群結合，讓球迷可以在比賽中觀賞精采的戲劇表演。

Ⓑ 提供免費的球隊球衣和球帽給球迷，以增加他們的忠誠度。

Ⓒ 舉辦特殊主題日活動，如特工動物園、白色情人節活動等，讓球迷感受到像家一樣的溫暖。

❹ 如果你是一支四年來一直墊底的職棒球隊的領隊，你會如何運用文章中提到的策略來改善球隊？請根據文章內容給出理由，並加入自己的評鑑和想法。

13

運動員的商業支持——贊助商該如何跟運動員互利共生？

合作夥伴關係對於舉辦比賽和確保整個歐洲足球發展，包括青年和女子足球的發展密不可分。

——歐洲足球總會（UEFA）

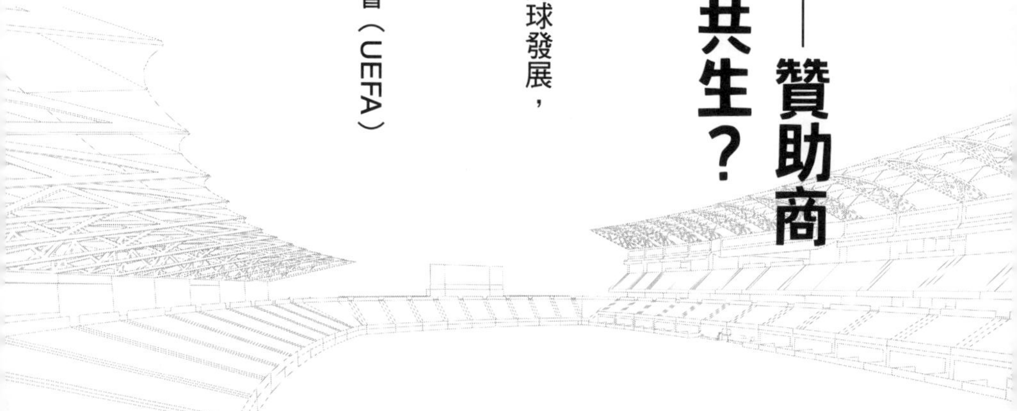

葡萄牙足球明星前鋒C羅（Cristiano Ronaldo）在二〇二〇歐洲國家盃F組賽事上獨進兩球，成為這個賽事史上的進球王，不過，在賽前記者會上，C羅坐下後將桌上兩瓶可口可樂移到鏡頭外，並拿起礦泉水說：「Drink water!」C羅就這一個不喝可口可樂只喝水的舉動，讓可口可樂股價當天下跌了一．六%，市值瞬間蒸發了四十億美元（約新台幣一千一百一十億元）。

「贊助商」與「運動員」之間的關係是什麼？運動已經跨越國界與文化，是不分年齡、性別與社會階級的全民活動；而運動商品化的潛在利益，更吸引大量企業投入運動行銷的行列。學者Stotlar在二〇〇二年指出，全球各種活動贊助的比重中，以運動方面的贊助為最大宗占的六八%，企業贊助運動已成為企業組織與消費者接觸最重要的行銷方式之一，因此運動行銷預算每年持續成長，而所有運動事件中最具代表性且最大的就是四年一次的奧運會（Olympic Games）。

從一九八四年洛杉磯奧運會開始明定企業贊助後，商業早已經成為奧運會的一大部分，贊助商提供運動賽會資金，運動賽會提供贊助的商業品牌廣告的機會跟商機，兩者關係越來越密不可分。近年來，台灣廠商也開始重視運動贊助的投資，報導指出，像捷安特贊助國際越野單車比賽，並贊助自由車隊參加「環法自由車賽」；宏碁（Acer）贊助二〇一〇年溫哥華冬季奧運、二〇一二年倫敦夏季奧運電腦設備、一級方程式（F1）賽車；以及定期贊助運動的國泰人壽（女籃）、第一銀行（桌球）、合作金庫（羽球）、富邦金控（馬拉松）等，對運動賽事的投資曝光，顯然是企業們看得到的。

何謂贊助商？什麼條件下企業才能夠贊助運動賽事？有何權利義務？

國際足球聯盟ＦＩＦＡ，將贊助商分為三類：

- 合作伙伴（Partner）
- 贊助商（Sponsors）
- 主辦國支持商（National Supporter）

贊助商每年贊助奧會金額

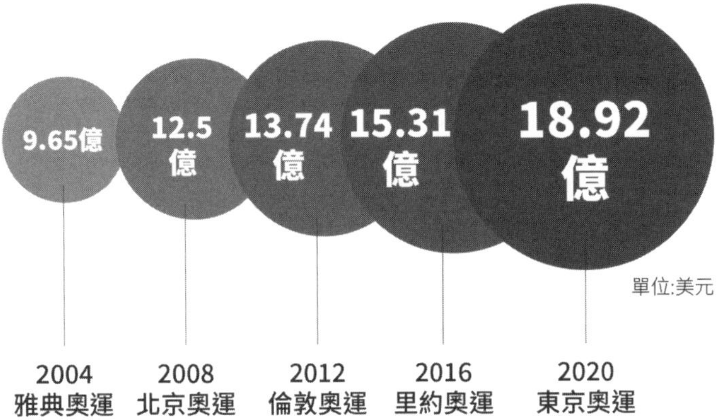

以二〇一八年為例，有十二個合作伙伴（Partner）與國際足聯的合作關係最為密切。根據國際足聯官網介紹，在合約期內，贊助商的權利包括使用官方標識，公司標識會出現在所有國際足聯的出版物以及官方網站。此外，這些贊助商還具有排他性的營銷權利，他們也可以根據自身的市場需求作出個性化營銷方案，使用FIFA世界杯和聯合會杯的相關商標。級別更高的合作伙伴可以在任何時間、任何地點進行全方位的推廣。

像是在二〇一四年巴西世界盃跟二〇一八俄羅斯世界盃的賽事收入是

四十八億跟六十一億美金，其中不乏有中國企業品牌加入，這也跟中國政府大力推動足球發展的策略有關；彭博社估計，世界杯合作伙伴每年繳交的費用在一億五千萬美元左右，尼爾森發布的《二〇一八年世界足球報告》（*World Football Report 2018*）稱國際足聯在二〇一五～二〇一八年的廣告收入為十四億五千萬美元，相比二〇一一～二〇一四年的十六億二千萬美元下降了一億七千萬美元。由於贊助名額有限，贊助合同的有效期為十五年，長期穩定的企業投入讓ＦＩＦＡ賺的口袋滿滿，但也因為利益巨大，有許多高層涉嫌貪汙被捕，國際足聯醜聞持續發酵，引發ＦＩＦＡ長期合作伙伴強生、嘉實多、馬牌輪胎等退出，中國也就因此成為新的贊助商。而也有統計報告指出，企業知名度每提高一％，需要投入二千萬美元的廣告費，但是藉助大型體育賽事，投入同樣的廣告費，效果可以提高一〇％，但要玩這場運動賽事贊助遊戲，就必須先了解遊戲規則。

贊助商與運動員的關係是什麼？兩者該如何互利共生？

運動員能不能帶贊助商一飛沖天？來看些例子，大約四十年前，位於美國奧勒岡州的小廠 Nike 相中了一個名叫麥可・喬丹（Michael Jordan）的年輕籃球員，簽下了代言贊助合約並為喬丹量身打造簽名鞋款，Nike 從此一飛沖天，到了二〇一六年，已成為美國奧運代表團的官方贊助夥伴；另一個故事是一九八〇年代，VISA在亞洲的品牌印象遠低於在歐美地區，透過贊助一九八八年漢城（首爾）奧運，VISA迅速打開在韓國、日本和台灣市場的知名度，許多品牌會開始把運動賽事當成建立長期品牌形象的合作舞台。

但是，當贊助商是贊助整場賽事或是組織的最大單位，也有可能反過管控運動選手，並要求其配合，過去也曾發生過許多球團贊助商跟選手的爭議，像是台灣在二〇一六年爆發的戴資穎球鞋事件，因為戴資穎與勝利體育（Victor）之間簽有贊助代言合約，但羽球協會與另一家日本大廠Yonex簽署獨家贊助合約，並透過公文要求國內羽毛球選手改穿Yonex的服飾及球鞋。二〇一八年，中國足球協會以健康、文化、教育為理由，頒布了「禁刺青令」，部分球員紛紛在當年三月份對威爾斯的友誼賽中纏起紗布蓋住刺青來「遮羞」以維護廠商利益。一向與嘻哈文化有緊密連結的ＮＢＡ，在二〇一八年也在行銷廣告規則中說明，當與聯盟利益有所衝突時，任何商業、宣傳甚至公益募款的標誌、圖案皆不得在比賽中展示，到底球團、贊助商能對運動員管到什麼程度？

贊助商要的難道只是賽事廣告曝光而已嗎？賽事背後還有哪些商機呢？

回頭想想，贊助商要的又是什麼呢？俗話說「窮文富武」，家徒四壁要靠讀書翻轉，富甲一方才有本錢去學武，體育活動是個極為燒錢的事業，因此「找贊助」就成了運動員、聯盟、賽事行銷單位特別重要的一件事情。但贊助商也不想當冤大頭，不是有錢隨便丟，贊助大型運動賽事和運動明星所費不貲，而其成效並非一蹴可幾，因此，如何衡量運動贊助的投資報酬率，進而調整贊助的組合達到最佳的配置。對贊助商來說，管理有效的贊助經費，贊助企業必須有明確的贊助策略，包括清晰的整體目標、明確的目標顧客群，以及贊助所要支持的顧客購買階段（也就是認知、考慮、購買和忠誠）；其次，今周刊報導指出，企業可以運用下列五個指標來衡量贊助的效益，分別是：

1. **接觸成本**：判斷賽事的目標族群人數。
2. **銷售或毛利**：需用大數據分析贊助和銷售間的關係。
3. **間接利益**：例如透過賽事接待重要客戶，維繫長久業務關係。
4. **有效建立長期品牌印象**：長期品牌印象是長尾，有品牌優勢將能貢獻六～八成銷售收入。
5. **投資周邊推廣活動成本**：花一塊錢取得贊助的資格之後，還要花五塊錢來打廣告、進行推廣活動，或是設計贈品，才能發揮贊助的最大效果。

從這些衡量指標來看，賽事不再只是賽事，更是談其他合作關係、連結長期品牌印象的機會，成為跨國品牌的角力場，因此長期的贊助商（像奧運的贊助商可口可樂和麥當勞）也積極的行銷活動（例如創造賽事廣告主題曲），讓品牌價值和知名度延伸到更多市場；而對賽事主辦單位來說，贊助已是行銷策略中不可忽視的一環，尤其是像世界盃足球賽、奧運會等如此昂貴的大型國際運動贊助，企業跟贊助商更有必要定時、系統性的分析贊助是否達成預設的目標，以便調整贊助的組合，達到賽事跟贊助兩者的最高成果！

贊助商除了以金錢及商品的方式之外，有沒有其他與運動員合作的例子？

國體大產經系副教授王凱立表示：「這問題要先回歸運動員到底需要的是什麼？合作本來就不一定是給錢或給商品，只要是符合選手需求，像是出席贊助商活動，建立品牌或網站行銷，甚至是幫選手拍攝很好看的照片等，都是在跟選手合作。」帕奧羽球國手范榮玉也表示：「東京帕運有許多身障選手受到義肢、輔具等器材公司的贊助，是選手需要的，也讓選手更可以無憂的上場比賽，是很棒的合作。」除此之外，瑞士銀行送HBL的MVP張聿嵐暑假去美國訓練、陽光社福基金會結合公益路跑活動，都是廠商與賽事、選手們多元合作的例子。

鼓勵年輕學子多元發展的林燈文教公益基金會，二〇一八年開始長期挹注宜蘭高中籃球隊的培育經費，讓校方提升球員的訓練環境、設備與運動員餐食等，贊助設備含NBA訓練等級的投籃訓練機外，為了選手的長期發展還創建了獎助學金、文學獎、蘭青計劃、林燈盃籃球邀請賽等，培養宜蘭在地學子更多元的發展可能，只要大家願意集思廣益，從更多元的面向將資源挹注到體育運動中，運動員要跟企業品牌贊助商長久的站在一起，還是指日可待的。對此，王凱立副教授認為：「抓住原則，或許企業對基層運動員贊助以支持他延續夢想為主，對頂尖運動員則協助他擴大影響力，企業在作法上可以很有創意，只要是對運動員有幫助的，契約沒有固定的型式，只要能經得起市場的考驗即可。」

當跟贊助商衝突的部分，選手有沒有選擇的權利？

一九九二年巴塞隆納籃球項目上，美國夢幻一隊選手，每個人身上的贊助廠商都不一樣，當他們站上台領獎時，全世界都等著看球員笑話，最後，全體球員都披上了美國國旗，他們說：「只有國家國旗，不會污辱任何一方的利益。」但需要贊助商的不是只有明星球員，其他人如果也這樣做，也能像夢一的明星們一樣順利過關嗎？

知名奧運國手經紀人提出一個觀點讓我們思考：「對贊助商說，贊助運動員就像是買廣告，為了能爭取在運動員身上的曝光最大化，贊助商出錢或是產品來交換運動員出賽或是出席公開場合的曝光，企業肯定會針對每個運動員的『價值』進行評估，因此如果不是知名選手，在交換價值相對較低的情況下，不但合約會比較嚴格，有時甚至會出現不合理的條件。但矛盾的是，較不知名的運動選手往往又比較需要品牌的支持，因此，在這種情況下，就非常需要仰賴品牌窗口的談判能力；透過窗口的談判、溝通與價值交換，讓整個贊助變得更有彈性空間，也讓運動員了解自己的需求、底線跟贊助商的『權利及義務』在哪裡，若能在支持與幫助運動員完成他們夢想的同時又能兼顧品牌利益，平衡利弊得失，才能促使運動贊助順利達到互利的局面。」

圓桌體育大會
影片連結

❶ 贊助商與運動員合作的方式不一定只包括金錢或商品。下列哪個選項並不是文章中提到的合作方式？

Ⓐ 參與贊助商的品牌活動
Ⓑ 建立品牌或網站行銷
Ⓒ 購買運動員的比賽門票
Ⓓ 義肢、輔具等器材的贊助

❷ 企業可以運用哪些指標來衡量贊助的效益？

Ⓐ 接觸成本
Ⓑ 銷售或毛利
Ⓒ 間接利益
Ⓓ 有效建立長期品牌印象
Ⓔ 投資周邊推廣活動成本
Ⓕ 以上皆是

❸ 根據文本，合作伙伴（Partner）與國際足聯的合作關係中還可以有哪些操作？

❹ 根據文本，你認為在贊助運動員時，應該注意哪些因素以避免潛在的衝突和問題？你認為贊助商和運動員之間的合作應該建立在什麼基礎之上？是否有可能找到一個既符合運動員需求又有助於贊助商目標的解決方案？為什麼？

14

運動員在簽約時應該注意哪些事情？法律會說話！

法律雖不能使人人平等，但在法律面前人人是平等的；法律雖約束了我們，卻也相應的保護了我們。

——英國法學家　波洛克（Frederick Pollock）

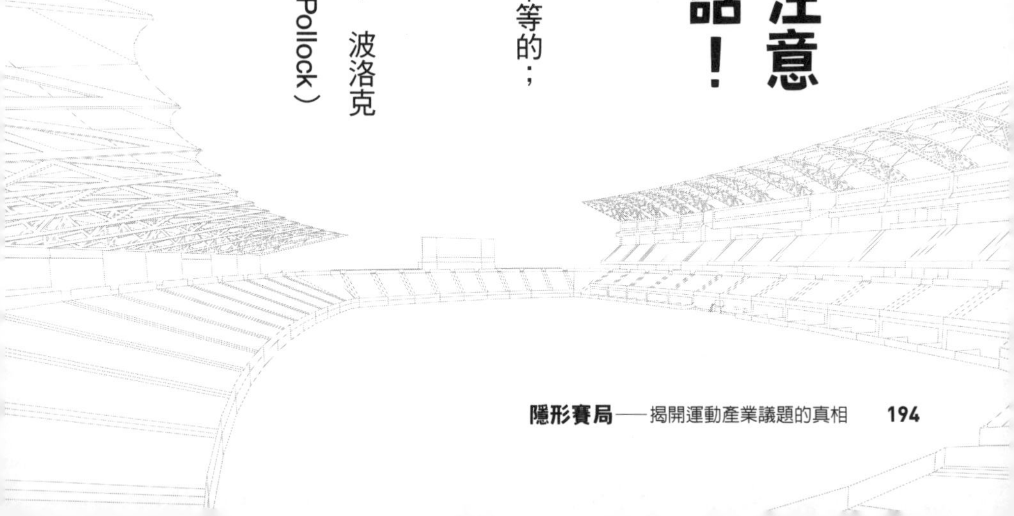

14
運動員在簽約時應該注意哪些事情？法律會說話！

二〇二三年八月，台灣職籃上演搶人大戰，而且還涉及了跨聯盟、重複簽約的合約糾紛，這其中的主角就是職籃球員林秉聖。林秉聖原本是T1上季冠軍隊中信特攻隊的成員，八月十五日林秉聖以自由球員的身分與PLG新竹攻城獅簽約，沒想到隔天卻遭到林秉聖在個人Instagram發文，表示因生涯規劃考量，已在球團宣布前，婉拒加入攻城獅。PLG新竹攻城獅立刻公開合約書的部分內容，指出選手明明表達了意願，並簽下了「委任合約」，卻又自行毀約，PLG新竹攻城獅呼籲林秉聖要履行合約義務，並控訴T1「台北台新戰神」惡意挖角。不過T1台新戰神卻反駁說，這一切程序皆「合乎規範」，因此在九月份的協調會議後，因林秉聖本人沒有參與，且籃協與球團間二小時協調後並未取得共識，攻城獅因此正式向林秉聖、台新戰神提告。

台灣職籃最近三年來市場火熱，許多企業家二代、三代都搶著投入經營球團，熱情度高，但是聯盟、球團都需要建立真正的職籃文化和有序體制才能走得長久，雙方球團也都在會議中表示，應該要建立起更完善的公平競爭規範跟相關制度以符合各方的需要，同時因應急遽變化的職業籃球環境。但是，我們好奇的是，簽了約的選手可以在社群上發個文，不向球團報到是可以的嗎？不同聯盟之間，該如何用法律的方式阻止惡意挖角？原球團宣布不續約前，其他球團間可以簽約嗎？

選手簽了「委任合約」後，可以不履行義務嗎？

法律白話文的共同創辦人楊貴智律師，在圓桌體育大會的討論中表示：林秉聖到底需不需要遵守合約規定，其實跟他簽的是哪一種契約有關係，雖然攻城獅公開貼文聲稱與林秉聖簽的是「委任合約」，但**契約的性質不是看標題決定的，而是要從契約的內容來判斷**。由於職籃為非定型化契約，且屬於公司營業祕密無法將條款全部公開，因此我們可先從是不是委任契約來談談這件事。

如果是「委任合約」，根據《民法》五四九條規定：當事人其中一方，都可以隨時終止契約；就算雙方有約定期限或特別規定不可以隨時終止，實務上還是認為當事人一方仍然可以隨時終止，因為委任是委託你做事，但並沒有要求你完成。因此，若從法律上來看，林秉聖是可以隨時終止契約，跑去別的球隊打球，但是如果這樣終止委任的動作，造成攻城獅的任何損害（像是形象、行銷、宣傳、簽約成本等），還是需要進行損害賠償。

但如果不是委任合約，而是「承攬合約」，承攬就比較有強制性的合約，它的定義是：約定別人幫你完成某項工作，並且要確保這件事情可以如約定標準一樣完成。不過，在運動場上簽訂承攬合約的可能性很低，因為運動場上瞬息萬變，我們無法保證一件事情的結果，例如，一個選手有可能受傷，或是每一季教練的戰術運用因此不能保證每位選手都能上場；生活上也是，你請一個律師幫你打官司，但是打官司這件事情本身很複雜，律師並不能夠保證會贏，因為訴訟上本就有風險跟未知數；你看醫生或是開刀，醫生雖然承接了你的要求，但是他卻無法保證病就會好，因為每個人身體體質狀況各有不同，因此打官司跟看病較難使用承攬合約。相對來說，買房子就可以用承攬合約，因為房子要按照時間蓋好，還要可以住，不能是海砂屋、輻射屋等等，如果沒有蓋好或是漏水還要扣錢等等，這就可以是依結果來判定的承攬合約。

但如果委任合約可以隨時終止，又不能滿足承攬合約的「保證結果」條件，那還有什麼契約是可以使用的呢？有一種契約叫做「僱傭合約」，就像是我們一般上班族工作的僱傭關係一樣，也就是說，球員的所有決定權在一定程度上受到球團的限制，例如，在球員的薪水上是不是按時給付固定薪資？上班地點時間是否受到明確限制？經濟上是否無論成果都會拿到薪水？工作上是否需要跟其他人一起分工合作才能完成工作？

如果以上三個問題都是肯定的「Yes」，那麼法院就很可能會認定，彼此的合作關係是雇傭契約，而在雇傭契約的規範下，林秉聖如果不去報到或打球，《民法》就會認定他是延誤提供「勞務給付」，攻城獅就可以不用給球員薪水，且對於不配合的球員也是可以依合約解雇。但從過去的法律角度跟這次事件來看，運動球團實際上較不適用《勞動基準法》，因為上場的時間、練習的時間不固定，會依賽季跟選手傷勢狀況進行調整或保護，工作合作上有些明星選手又具有一定程度左右比賽結果的能力，甚至他的出席都會影響到票房，因此整體來說，無論是哪一種合約，在現行制度下，球團都無法強迫球員報到或是工作。

從這起事件來看，很多人可能會認為他沒有遵守他的道德責任。但是，合約是雙方達成協議的文件，不一定符合每個人的道德觀念，且《民法》中的所有規定本身就是預設性的規定，它的精神是簽約的雙方必須是在互相信任的原則下彼此合作，如果沒有另外詳細規定的話，就依照《民法》的預設方向走，在民法的框架下，各球團合約上也應該要符合球團所屬於聯盟的規章制度，才算是完整。

不同聯盟之間，該如何用法律的方式阻止惡意挖角？

當球員與球隊都在同一個聯盟時，我們可以使用聯盟的規章來規範。例如，某些聯盟會規定球團間不能相互挖角，以避免惡性競爭。但問題出現在不同的聯盟之間，如PLG與T1之間的挖角，反而沒有一個事先約定好的規章可以限定彼此，哪麼不同聯盟之間，該如何用法律的方式阻止惡意挖角呢？

法律白話文的楊貴智律師分享，球員與球團之間的合約只能限制它們之間的關係，不能約束第三方。若有第三方想挖角，可以參考《公平交易法》。此外，還可以設立一個獨立的機構，如委員會或籃球協會，以資源再分配的方式施加壓力，例如：未來這些選手都無法參加國家隊，或是明年皆不給予補助等。

不過台灣球團相互挖角的事件，過去也曾發生，大約在二十多年前，由於棒球簽賭的問題，觀眾數減少，中華職棒差點倒閉。那時那魯灣聯盟大舉挖角知名球員，引發了兩大聯盟的惡鬥。法院最後認定那魯灣聯盟違反了《公平交易法》。在九〇年代，美、台、日、韓的職棒球團也簽訂了互不挖角協定，雖然協定只是一種默契，但也許我們可以從中得到一些啟示，若想要避免挖角選手造成的市場負面衝擊，必須要由主管機關協助球團制定一套規範，才能夠避免惡性競爭。

現在，是否我們應該看待「跨聯盟挖角」為一種正常的職場轉換？選手有簽約的自由，他們是否也有不履行合約的自由呢？以PLG現在合約的最低月薪規定，台灣選手是四萬台幣，外籍選手是四萬美金，如果你是台灣選手，今年有球隊願意給你四萬美金月薪讓你跳槽，這樣挖角算是「惡意」的嗎？這已不僅是法律問題，更觸及到社會的道德價值。

運動員在簽約應該注意哪些事情以避免發生法律糾紛？

其實法律是工具，工具是建立在人性的理解與事件互動上的，我們都應該要在事件中慢慢的建立起法律的規範，並且讓所有相信法律的人在互動中可以更趨向於公平，對選手來說，擁有一個好的運動經紀人就可以幫忙處理運動法律中的大小問題，但如果沒有經紀人，該怎麼避免法律的糾紛呢？法律白話文的楊貴智律師的建議是：商場上的談判，如果你是有價值的，都不會強迫你短時間簽約，因此選手應該要對自己有信心，要堅持所有合約都不要隨便簽，會是最基本的自我保障。

以下五點會是比較簡單好懂，選手可以避免法律糾紛的注意事項：

1. **詳細閱讀合約內容：**選手應有自信的要求給予時間詳細閱讀合約的每一個條款內容，並確保自己完全理解其含義及不遵守會遭受的後果，不要被迫短時間強制簽定任何契約。

2. **尋求法律建議：**選手在簽訂合約時，應該咨詢專業律師，因為青春年華只有短暫幾年，既然有球隊願意花錢請你或是跟你簽約，表示你有潛力，因此更不應該在法律上失誤，特別是針對可能影響到自己權益的部分，像是交易條件、出席活動、合約的開始時間跟終止的時間等，都要特別注意。

3. **道德與職業規範：**會用到合約就是遇到比較不開心的吵架狀況，選手應該了解並遵守職業運動道德規範，避免因違反規範而引發爭議。

4. **留意轉隊規定：**選手應清楚了解轉隊的相關規定，包括何時可以離開、轉隊、轉隊的費用，和是否需要前隊的同意。

5. **合約中的例外條款：**選手可以假設各種可能的狀況，如果發生了某些不開心的事件，這個合約對選手來說還有沒有保障？合約中是否有例外條款，這些條款可能允許球隊在特定情況下終止合約或更改條款？這些對合約的想像也很重要，需要特別注意。

法律好比是生活中的遊戲規則，若你不知道規則，很容易在玩遊戲的過程中失

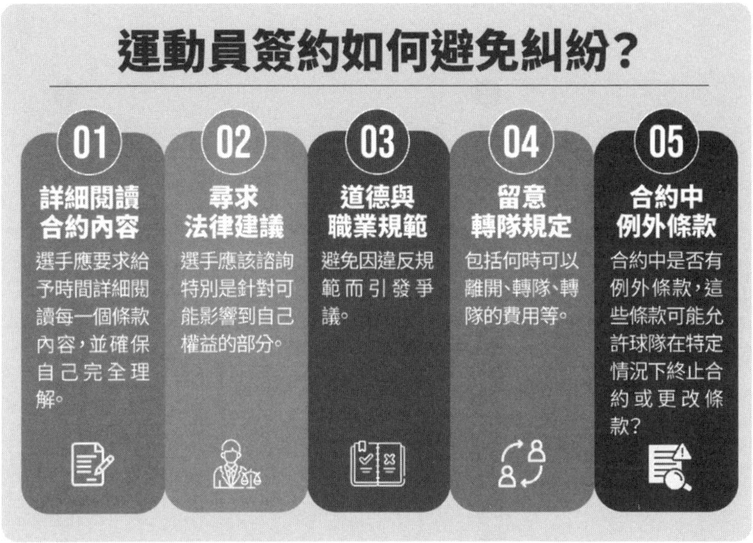
運動員簽約如何避免糾紛？
01
詳細閱讀合約內容
選手應要求給予時間詳細閱讀每一個條款內容，並確保自己完全理解。
02
尋求法律建議
選手應該諮詢特別是針對可能影響到自己權益的部分。
03
道德與職業規範
避免因違反規範而引發爭議。
04
留意轉隊規定
包括何時可以離開、轉隊、轉隊的費用等。
05
合約中例外條款
合約中是否有例外條款，這些條款可能允許球隊在特定情況下終止合約或更改條款？

敗，特別是懷抱著職業運動夢想的選手們，你們的每個決策都有可能會影響到你的整個運動生涯，所以，當你準備踏入這場商場與運動的複雜「遊戲」時，別忘了以上這五點小提醒，它們或許能幫你避免很多不必要的麻煩，能談到合約的選手也一定要對自己有信心，並且好好保護好你自己，因為你是有價值的運動員，只要有正確的知識和態度，你就能放心的踏入這趟精采的職業運動旅程囉！

圓桌體育大會fit
法律白話文影片

❶ 以下哪一種法律被提及，作為阻止不同聯盟之間的惡意挖角的可能途徑？

Ⓐ 憲法
Ⓑ 民法
Ⓒ 公平交易法
Ⓓ 勞動法

❷ 以下哪一項不是運動員在簽約時應該特別留意的事項？

Ⓐ 合約的開始和終止時間
Ⓑ 球隊的勝率和歷史
Ⓒ 合約中的例外條款
Ⓓ 轉隊的相關規定

❸ 為了避免法律糾紛，選手應該注意哪些事項？

Ⓐ 積極參與各種商業活動

Ⓑ 細心閱讀合約並尋求專業法律建議

Ⓒ 盡量不與球隊簽訂任何契約

Ⓓ 隨時準備終止與球隊的合約

❹ 文章最後提到「選手也一定要對自己有信心，並且好好保護好你自己」。在商場與運動的複雜「遊戲」中，除了法律之外，你認為還有什麼其他方式可以幫助選手保護自己？

PART 3

科技、文化與未來：
運動的多元面貌

15

奧運聖火、海報、火炬設計，運動美學設計有何特別之處？

奧林匹克教育的實現，其實是要懂得整合不同力量，使之和諧共處、相得益彰。從身體、大腦、心智、良知、素養全面性的整合，不再只是單一化的分別訓練，我們現在已經嘗到單一化拼湊導致碎片化的後果，既拙劣、又僵硬、又缺乏整合；奧林匹克的精神致力於拆除隔閡的高牆，希望讓更多人都可以享受到空氣陽光，除了陽剛之氣的體力，更需要美學與文學活動的妝點結合，才是體育核心的綱領，只是能否實現，真的就需要眾人的智慧了。

——中華民國運動員生涯規劃發展協會理事長

曾荃鈺

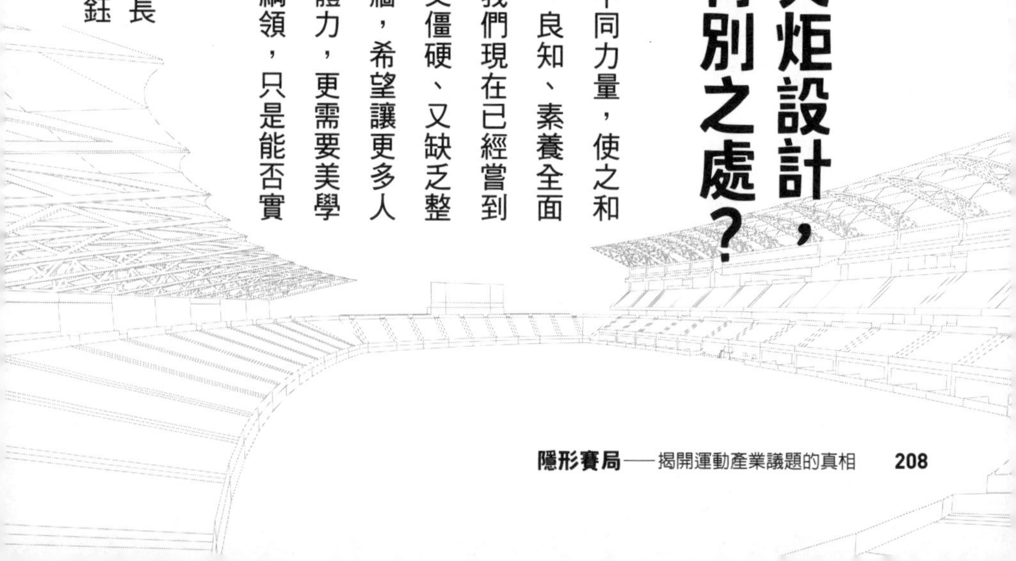

二〇二三年八月，巴黎奧運聖火火炬設計揭曉！每四年一次的奧運會，不僅是運動選手的競技舞台，更是結合科技、藝術、現代工藝在全世界曝光的大好時機。二〇二四巴黎奧運火炬，融入「平等、水、和平」三大元素，優雅的香檳金色水波紋，像是握在手中流動的塞納河，呈現出既高雅又力量充沛的美感，但這樣一支集設計、工藝、美學、科技、環保於一身的聖火炬，背後的製成過程，你又認識多少呢？

奧運火炬不只是火炬，還可以是什麼？

競技運動其實與儀式感密不可分，《故事的呼喚》（*The call of stories : teaching and the moral imagination*）作者羅伯特．科爾斯（Robert Coles）曾說過：「故事是傳承經驗的典式（典範＋儀式）」。一場賽會往往是由比賽（Game）加上儀式（Ritual）結合而成的，透過典範與儀式，藉以傳遞資訊、理念、價值，就能夠包裝成一個值得傳唱千年的故事，這就是儀式在做的事，儀式，不僅是教育的一環，更是文化的一環，而其中奧運會最讓人印象深刻的儀式，除了開閉幕、運動員進場、升旗典禮之外，聖火傳遞跟點燃聖火儀式中不可或缺的聖火炬，它的設計可是大有來頭。

古奧運會初期，點燃火炬是為了祭祀天神，同時也象徵著「運動會開始，各城邦停止戰爭，讓運動員們可以順利參加盛會」。從此，奧運聖火更代表著和平的意涵，但現在，奧運火炬早已超越一場運動盛會的象徵。

從一九三六年德國柏林奧運開始有傳遞火炬的儀式，聖火火炬就是同時結合了運動儀式、現代工藝跟科技在全世界曝光的形象元素，象徵著一個城市的全部。二〇二四巴黎奧運聖火火炬，由設計師馬蒂厄·莉杭紐（Mathieu Lehanneur）操刀設計，他表示：「聖火炬完全的對稱，象徵著平等；火炬的弧線、浮雕以及震動的波蚊效果則象徵著水；柔和的曲線則象徵和平。擁有平等、水、和平三元素的火炬，不只是一個燃燒工具，它是奧運的藝術和形象的結合。」

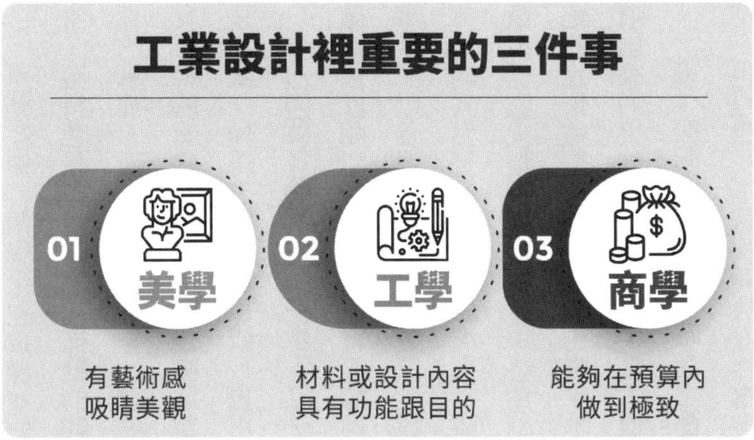

運動美學設計跟一般設計相比，有何特別之處？難在哪裡？

CIDA中華民國工業設計協會理事長，「台灣百大設計師」之一，同時也是操刀二〇一七台北世界大學運動會火炬、母火燈、聖火台製作的總設計師張漢寧（Jimmy），在圓桌體育大會上分享：「工業設計要滿足三件事，一是美學（有藝術感、吸睛美觀）、二是工學（材料或設計內容具有功能跟目的）、三是商學（能夠在預算內做到極致）。奧運的火炬設計，就是工業設計的全球性展現舞台。」

這就好像一個學生在選擇要買一雙鞋子時，大多數人肯定會想要選一雙既好看、有特色且不會跟別人撞鞋的鞋子，同時還要穿起來走路、跑跳時舒服，不會讓你的腳痛，而且最重要的是，還要你買得起，因為一定是在存了好久的零用錢或是父母給的有限預算下，要想辦法買到最值得、最滿意的一雙鞋子一樣。火炬設計也是如此，懂得怎麼平衡美觀、實用和經濟這三個面向，是非常重要的。

而困難在哪裡呢？Jimmy分享：「像是火炬設計，基本上都是在奧運舉辦城市確定後就開始規劃，但也會面臨種種的意外，像是二〇二〇東京奧運有設計抄襲的事件，以及遇到疫情延後等等，我自己在二〇一七年設計台北世大運聖火炬時，僅有大約八個月的時間設計火炬，時間上算是非常的趕，既要美觀有台灣在地特色，還要克服火炬重量需要在一公斤半以下的IOC要求，並要使用環保材質，且點燃火焰的瓦斯噴燈，還必須能夠從平地到玉山三千多公尺高的地方接力時不能熄滅，且噴出來的火焰形狀要平穩，真的像是很有挑戰的一件事。」

這一次的巴黎奧運，時尚之都巴黎過去在一九〇〇年是第二屆奧運會的舉辦城市，也是歷史上首次開放女性參與比賽的奧運會，時隔一百二十四年，二〇二四巴黎奧運延續理念，也將是歷史上首次女性與男性選手參與比例達到相等數量的一屆，因此在火炬設計上採用完全對稱結構，彰顯此重大的賽會意義，同時也展現出奧運會的平等精神。二〇一九年時，巴黎奧運官方就先行公布奧運的會徽Logo，設計上就巧妙結合了奧運聖火、金牌以及代表法國的擬人化「瑪麗安娜」（Marianne）形象，結合了女性、時尚與平等的形象，將Logo印製在火炬上，整體更是相得益彰。

運動美學會如何影響我們的日常生活？未來又會走向哪裡？

想像一下，一場奧運會，如果把所有開閉幕、進場、頒獎、聖火儀式通通都拿掉，奧運會的「魅力」還存在嗎？再換個問法，如果只保留大家最重視的競技運動，拿掉所有的儀式後的奧運會，你覺得這還是奧運會嗎？你會願意專程搭飛機到巴黎，看一群運動員在跟台灣一樣大小的操場上繞圈圈比賽嗎？

不會的。因為一場奧運活動，從一個運動員身上延伸出來的意義，他不僅僅代表他自己，也代表著國家，更代表著全體人類。而這些開閉幕、進場、頒獎、聖火儀式，都是為了把運動的影響力跟魅力，傳遞給更多人。

巧合的是，這樣的代表性意涵，在古奧運會希臘時亦然。參賽的運動員不僅僅是為自己跟家族贏得榮譽，更為所屬城邦、為希臘國家達到和平的效果，這也就是為什麼奧林匹克運動會會有儀式，因為所有的儀式牽動著文化、牽動著全人類，也因為這樣的連動關係，才能讓奧林匹克運動會使全球感動、充滿魅力。

在未來，運動賽事將是一場展示國家創新力、藝術和科技的大舞台，在這裡你看到的將不再是單一的表演，而是如同一場視覺和聽覺的盛宴，充滿了創意和科技的驚奇，你會看到景觀設計的融合、城市規劃的創新，以及永續綠色材料複合式的美學應用。如此一來可以說，運動已經跳脫了一般運動競技的框架，成為一種融合美學、建築、科技和表演藝術的全新展現。

如果你對於運動美學有興趣，該怎麼開始接觸或是養成運動美學概念呢？其實在台灣的不同城市中，都有不同的體育隊伍，當看到職業球隊的標誌和形象時，你

15
奧運聖火、海報、火炬設計，運動美學設計有何特別之處？

看到的不僅僅是一個識別，而是設計師們的藝術結晶，它可以從職業球隊的設計、品牌形象到運動用品、啦啦隊周邊商品、YouTube明星或網紅穿搭等管道被你看見，這些符合美觀、實用和經濟的商品，就是推動運動美學的一大力量。

運動美學其實無處不在，也同時深深地影響著我們的生活，它是人文、科技、藝術和創新的交匯，你準備好跳入這個充滿驚喜和創意的新時代，成為其中的一員了嗎？歡迎對設計、美學有興趣的你，也可以多多了解球團招募訊息，一起探索這個精采絕倫的運動美學世界吧！

圓桌體育大會
影片連結

❶ 根據Jimmy的分享，工業設計需要滿足哪三個主要元素？

Ⓐ 美學、安全性、經濟性

Ⓑ 美學、工學、商學

Ⓒ 美學、效率、持久性

Ⓓ 美學、創新、環保

❷ 根據文本，二〇二四年的巴黎奧運會將在哪一方面創造歷史？

Ⓐ 首次允許女性參賽

Ⓑ 開放所有國家參加

Ⓒ 女性和男性選手參賽人數相同

Ⓓ 結束所有比賽儀式

❸ 根據文本，運動賽事的儀式和符號，如火炬、標誌等，不僅是藝術作品，也具有更深層的文化和社會意義。請描述你如何理解這一觀點，

並給出一個例子來說明你的理解。

期待答案：

❹ 根據文本，運動美學未來的趨勢或發展可能會是什麼？為何這樣的發展趨勢會影響我們的日常生活？

期待答案：

歷屆奧運會火炬設計資料

16

運動新視野：科技讓比賽更精采，讓運動更有趣

不論是「運動越來越科技」還是「科技越來越運動」，都已是現在進行式，但最重要的仍是以人為本的「內容」，思考運動者的需求，才能持續開發創新突破的產品。

——美國賓州州立大學機械工程博士、台灣運動科學教父　相子元教授（Philip Kotler）

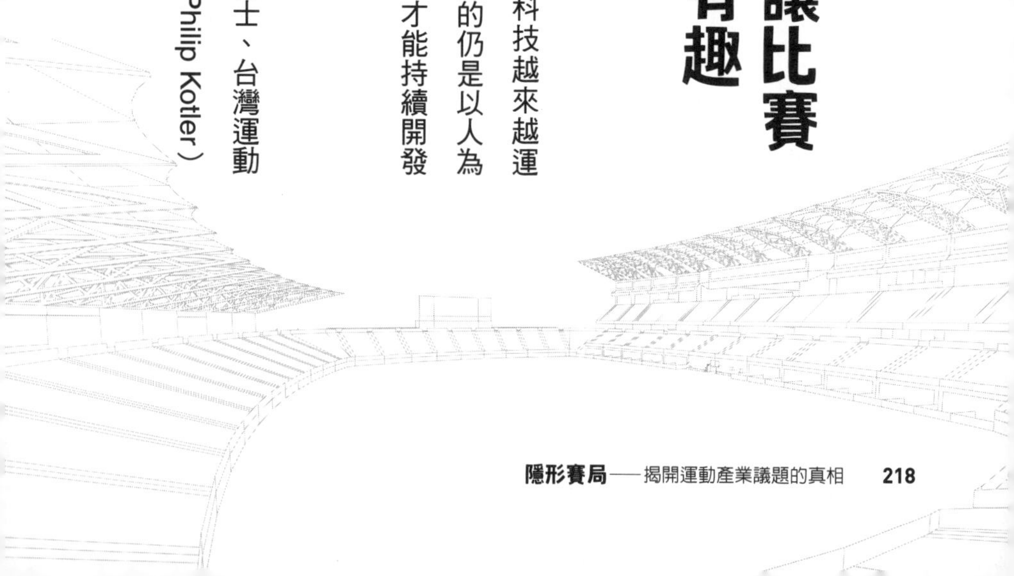

讓運動站在科技的肩膀上

熱愛運動的你是否曾想過，如果你的籃球鞋可以即時提供你跳躍的數據，或者你的游泳鏡可以顯示你的游泳速度和心跳，甚至是你的手錶可以提醒你坐在書桌前時要記得補充水分和電解質，你的生活跟運動是否將變得更有趣呢？

你可能會說：「這也太像科幻小說情節了吧！」但其實這一切都已經在全球發生，在運動產業中，科技的融入正在改變我們的運動體驗跟生活方式，同時也將運動帶到了一個全新的層次。例如，東京奧運會的游泳比賽中，轉播畫面我們可以看到水面上投影出來的線條跟選手排名、各國代表隊名稱等，讓我們能清楚看出每位選手的位置和距離；還有在羽球比賽上的鷹眼系統，能更精準地判斷球是否出界，這些都是科技讓我們的觀賽體驗變得更豐富的實例！

還有一間叫Zone7的公司，他們就像是個超級偵探，利用人工智慧（AI）分析運動員的數據，預測可能導致受傷的因素，幫助運動員避免受傷，甚至提高運動表現，幫助教練和隊伍做出最好的決策跟選手調度；還有另外一個叫做「ShotTracker」的技術，以前，我們看籃球比賽只能看到球員在場上怎麼跑、怎麼投籃，但現在透過這個技術將能夠即時看到球員在場上的所有動作跟數據，比如說誰投了幾次籃，誰的命中率最高，這些都能在我們手中的螢幕上即時看到。

國體大王凱立副教授分享：「運動科技可以從運動參與的情境跟場域區分成兩大類：一種是觀賞型，像是比賽或是娛樂使用的運動科技，例如情蒐數據蒐集、球速計算等；另一種是參與型，像是教學應用上的運動科技，或是休閒遊憩娛樂時所使用的穿戴式裝置、智慧場館物聯網等，都是生活中的運動科技。」

從我們在公園裡跑步時手腕上的智能手錶監控跑步的步頻跟速度，到世界杯足球賽中球員所穿能監控疲勞指數的高科技球衣，科技已經讓運動變得更聰明，更精確，也更有趣。然而，你可能還不知道，台灣正是全球運動產業的重要角色。從製造跑步機、運動服裝，到研發最新的健身設備，台灣都扮演著關鍵的生產製造角色，這也是為何運動科技應該是我們每個民眾都應該關心跟了解的議題。

科技把數據變黃金：親愛的，我把運動產業變大了

來看一下數據，全球的運動科技產業已經達到了每年約三千億美元的市場規模，這個數字讓我們不得不正視運動科技產業，許多知名科技公司，如Google、蘋果以及一些新興的科技新創公司，都積極投入這個領域，發展出各種創新的產品，像是穿戴式裝置、智慧手錶、VR運動設備等等。而這些創新的產品，也讓我們在運動中獲得更好的體驗，並能更有效地提升我們的運動效能。

那麼，為什麼全球會有這麼多的公司和人們關注運動科技呢？很關鍵的一個原因是人們在疫情後對健康更加重視，而科技讓我們能更方便的把健康隨身帶著走，透過科技穿戴裝置，我們可以隨時監控自己的身體狀況，進行更有效的運動，提升健康，穿戴裝置已經徹底改變我們原本的生活方式，而疫情後在家運動者增多，也進一步導致線上訓練、AI虛擬教練、擴增實境盛行，全球運動科技、數據分析監控

等需求大增，運動員和教練現在可以使用各種儀器和裝置來紀錄和分析運動表現，例如智能手錶可以追蹤你的心跳和步數，智能球鞋可以分析你的跑步步態，這些數據不僅可以幫助我們了解自己的身體狀況，還可以跟AI教練討論後制定合適的訓練計劃，如果再結合虛擬實境，就像是你能在家中透過VR技術體驗登山的感覺，或者在跑步機上感受跑馬拉松的挑戰，那麼運動將會變得更加有趣和吸引人，科技與運動數據的結合，正是讓這些想像成為可能，並且讓我們的運動體驗更上一層樓。

運動科技裝置	解決的問題	特色好處
智能手錶	手動紀錄運動數據不準確且麻煩	可以自動追蹤心跳、步數，提供運動員與普通使用者即時且精確的身體狀況反饋
VR健身器材	傳統健身器材使用起來單調乏味	透過虛擬現實技術，提供使用者更有趣、更刺激的運動體驗
AI教練	實體教練價格昂貴且不易預約	一週七天且二十四小時隨時提供訓練建議與運動技巧，且可個別化調整訓練計劃
智能運動鞋	傳統運動鞋無法針對使用者步態調整	可自動調整緩震效果，適應不同的路面與使用者步態，提升舒適度並降低運動傷害風險
智能運動眼鏡	球類運動的準確度需透過長時間的訓練	透過增強現實（AR）技術，提供即時的反饋與建議，有助提高投籃等 技巧的準確率

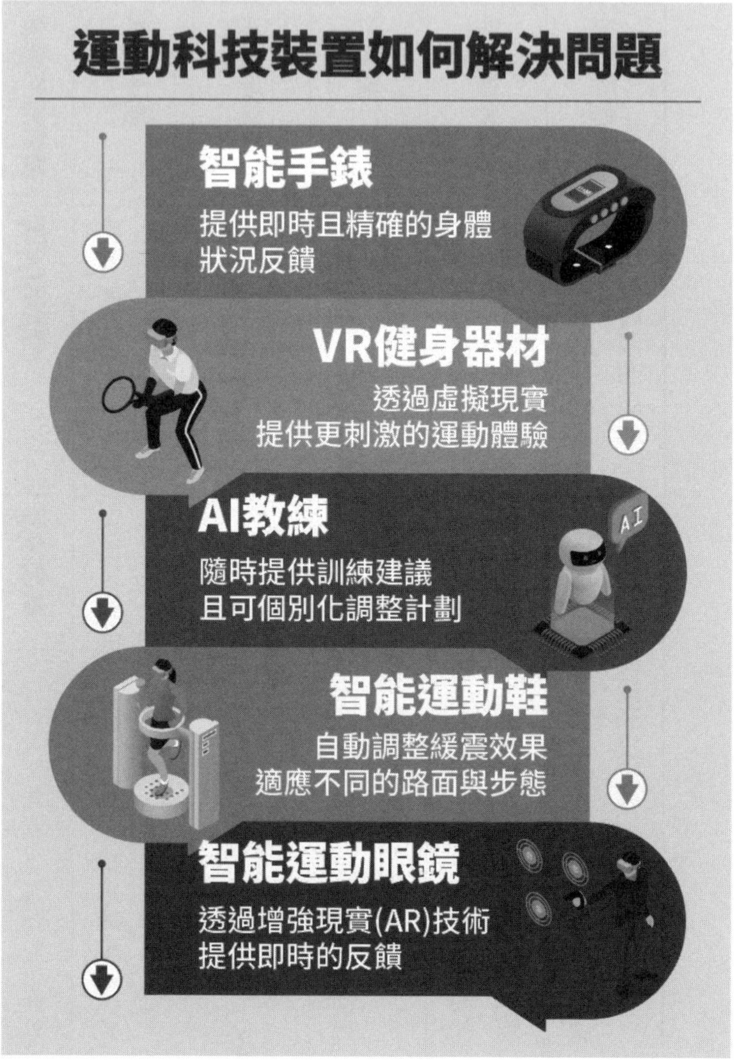
運動科技裝置如何解決問題
智能手錶
提供即時且精確的身體
狀況反饋
VR健身器材
透過虛擬現實
提供更刺激的運動體驗
AI教練
AI
隨時提供訓練建議
且可個別化調整計劃
智能運動鞋
自動調整緩震效果
適應不同的路面與步態
智能運動眼鏡
透過增強現實(AR)技術
提供即時的反饋

運動科技的未來有何挑戰？還能走到哪裡？

儘管運動科技有許多機會，但也帶來不小的挑戰。如何適當地運用科技讓運動員的表現更好，卻不讓科技「拖累」他們呢？如何在保護運動員隱私的同時，又能夠利用科技蒐集並分析他們的數據來提升表現呢？如何將運動科技應用到一般大眾市場中，創造更多元的價值呢？這些都是我們必須馬上面對的問題。

回到台灣，運動科技的發展面臨兩大核心問題：「量產」和「時間」。我們先說「量產」。想像一下，你創造了一個超級酷的科技監控觸感足球，但市場上的人們都還在用舊式足球，你的超級足球要如何才能賣出去呢？這就是「量產」問題的挑戰。以科技代工走向國際的台灣，過去習慣用硬體生產製造後轉賣海外，硬體輸出賺錢，反映出的仍然是製造業對台灣運動科技的服務、娛樂市場、商業模式沒信心，但運動科技要能穩定成功不能單靠硬體，創新的軟體跟打造出一個接受運動科技的大眾市場，也很關鍵。政府在這件事情上，或許可以提供安全的平台讓科技與運動能交流結合，透過舉辦黑客松等活動，吸引更多元的人才投入運動科技領域，才能慢慢解決。

那「時間」呢？創新永遠與時間賽跑。台灣的科技實力一直領先全球，但我們還需要更多時間培育兼具軟體開發和運動的跨界人才。國體大王凱立副教授解釋：「跨領域必須要是能跟不同領域溝通的人，既是懂科技的專案管理人才，又懂體育，還會寫電腦程式的人才，就是我們想要的。」但培養人才需要時間，開發出軟體跟創新應用也需要時間，但新創科技跟趨勢變化最關鍵也最稀缺的東西就是時間，因此，現在大學端開始跨學院、跨科系的整合，甚至也有跨校聯盟共同討論運動科技，就是希望能結合更多跨領域的知識，從台灣自己的土地上，孵化出未來適合運動科技的跨域人才。

儘管前方有著許多挑戰，但台灣運動科技產業正在崛起的道路上，而所有的創舉都來自於不足，我們不可能等待一切就位才要開始，創新者往往要比一般人更具有前瞻的眼光，他的每一步，都富含著機會與未來的希望。

也許，在未來的某一天，我們會看到足球員在比賽前，是根據人工智慧的建議來調整他們的訓練計劃或比賽策略，未來民眾的運動鞋可能會根據你的步態自動調整緩震效果保護腳踝跟膝蓋，運動隱形眼鏡還可能會即時分析你的視網膜數據來幫你提升投籃準確率，這一切將不再是夢，因為你也可能就是下一個運動科技的創新者，讓我們一起振奮精神，為台灣運動科技的未來加油打氣吧！

運動視界專題
網站連結

❶ 根據文本，你曾經在生活中有接觸過運動科技嗎？它如何改變了運動的體驗和使用者的生活方式？請舉例說明。

❷ 根據文章內容，下列哪項不屬於運動科技的應用範疇？

Ⓐ 觀賞型運動科技

Ⓑ 參與型運動科技

Ⓒ 運動器材的製造和研發

Ⓓ 運動場館的建設和管理

❸ 根據文章內容，為何全球對運動科技如此關注？

Ⓐ 疫情後人們更重視健康
Ⓑ 科技讓人們更方便地監控健康狀況
Ⓒ 在家運動者增多導致線上訓練和AI虛擬教練的盛行
Ⓓ 運動科技的結合使運動更加有趣和吸引人

❹ 根據文本內容，為什麼「跨界創新人才」在運動科技領域中很重要？你認為身邊怎樣的人是具備跨界創新人才的特質呢？請舉例說明。

17

體壇公開的祕密 # Me too 燒出性平議題

「大象」之所以龐大，
往往正是由於我們的沉默。

——知名社會學者　伊唯塔・傑魯巴維
（Eviatar Zerubavel）

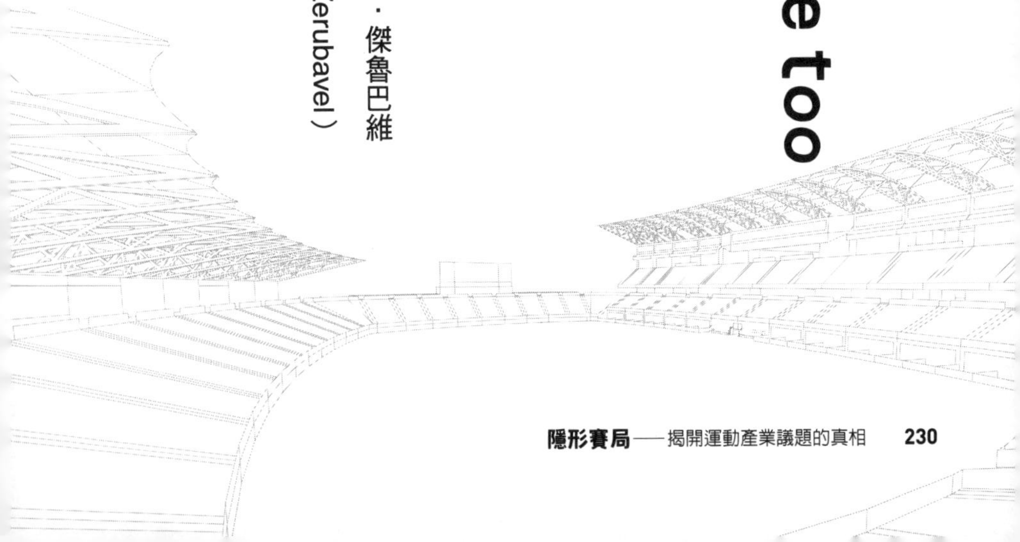

#Me too風波延燒，不只在政治界、演藝圈掀起一陣陣風波，這把火也燒向了體育界，除了台灣知名女性棒球裁判劉柏君公開自己遭到性騷的經歷、新北國王知名球星楊敬敏爆出性醜聞，PLG職籃聯盟執行長陳建州也被指控曾在數個場合性騷女性，但體壇的性騷案件早已不是祕密，我們常用「房間裡的大象」（the elephant in the room），來比喻每個人都知道，卻不願提及或面對的事件，近年來，類似案例，射箭、拳擊、滑輪溜冰知名教練都因濫用其權力侵犯女性而遭揭露，當然，這樣的行為，男性運動員也可能是受害者，女性當然也可能是加害者，但以目前體育環境當中發生的性平事件，多數的加害者仍是男性。

相較其他領域，體壇的#Me too卻難有燎原之勢，原因是？

在體壇當中，訓練以及生活環境相對封閉，許多選手從小就加入體育班，升學後大多也是跟隨單項體育項目的就學、訓練體系，也因為如此，從小學到大學期間，大多數都是同一群人一起訓練，接受同一個系統的教練指導，長期下來，就造成了權力關係不對等的積累，甚至以相忍為隊、為校、為國家等等「正義」一扣，就壓制了許多雜音，在這樣的時空背景下，使得體壇願意碰觸這些回憶的人並不多見，進而願意談者更是少數。當然，體壇也並非唯一會產生這樣情況的場域，軍警，甚至學校，教練—選手、長官—部屬、學長—學弟，多組不同的權力不對等關係，加上這些關係當中，都以傳統所謂「陽剛」為核心價值，都成為醞釀有害男性氣概（toxic masculinity）的溫床。

一九〇〇年夏季奧運，女性才第一次參與奧林匹克運動會，如今，體壇的性別平等，已經是個大趨勢，從二〇二〇奧林匹克改革議程，到國際奧委會努力在奧運賽事中將男女比例調整為一比一，都不斷顯示國際社會對於性別平權的重視。相較於二〇一二年倫敦奧運女子選手約占四四%，二〇一六年里約奧運則占四五%，二〇二〇東京奧運則到了四九%，且男女混合項目的總數提升到十八個。IOC主席巴赫也表示：「IOC致力於在所有領域實現性別平等，從賽場內外的運動員到運動管理部門的人員角色……透過提高女性的參與及在IOC下轄委員會中擔任主席之席

近代女性參與體壇的重大里程碑

1990年代

1991 《奧林匹克憲章》納入禁止性別歧視條文

1995 成立國際奧會女性與運動工作小組

1996 拔擢女性列入國際奧會的使命之一，且載明於《奧林匹克憲章》。並設立目標2000年決策階層女性達到10%，2005年達到20%

1997 Anita DeFrantz 成為國際奧會首位女性副主席

2000年代

2000 建立千禧年發展第三項目標：促進性別平等和女性賦權

2004 國際奧會女性與運動工作小組轉為正式委員會

2010年代

2010 創立聯合國性別平等與女性賦權組織

2013 國際奧會女性委員人數超過20%

2014 超過20%的國際奧會委員會為女性主席

2016 國際奧會女性委員人數超過30%，並建立永續發展第五項目標：達到性別平等、賦權所有女性

2020年代

2020 國際奧會執行委員會女性人數超過30%並加入聯合過婦女署世代平等體育倡議計畫

2021 聯合國婦女署名召開「世代平等論壇」

次，IOC使越來越多女性的聲音被聽到，並確保利用體育運動這個大平台，賦權女性，促進性別平等。」然而，即使二〇二四年巴黎奧運更預計將首次達成兩性運動員各占五〇%的里程碑，但女性菁英運動員「量」的提升，顯然並未造成總體環境「質」的性平同步精進。

在我國，被性騷時該怎麼做？可以找誰舉發申訴？如果是處理性騷擾事件的公司、球隊、學校，又該怎麼做？

從事婦幼保護工作超過二十年，專注於協助發展家暴及性侵害保護的台北市政府社會局長姚淑文在「圓桌體育大會」節目分享，目前我國處理性騷擾案件，可能會涉及「性別工作平等法」、「性別平等教育法」及「性騷擾防治法」等三項法令，也就是大家常稱呼的「性騷三法」，職場上所發生的性騷擾事件，適用「性別工作平等法」；公開場域且非於執行公務狀態，屬於「性騷擾防治法」；教育場域

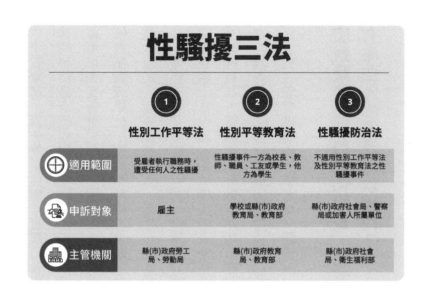

性騷擾三法

	1 性別工作平等法	2 性別平等教育法	3 性騷擾防治法
適用範圍	受雇者執行職務時，遭受任何人之性騷擾	性騷擾事件一方為校長、教師、職員、工友或學生，他方為學生	不適用性別工作平等法及性別平等教育法之性騷擾事件
申訴對象	雇主	學校或縣(市)政府教育局、教育部	縣(市)政府社會局、警察局或加害人所屬單位
主管機關	縣(市)政府勞工局、勞動局	縣(市)政府教育局、教育部	縣(市)政府社會局、衛生福利部

當中則屬於「性別平等教育法」。

三部法律依序頒布的原因，就是為了能夠滿足在不同狀態下發生的案件，都能夠被完整定義並接住被害人，但他也指出，對於許多人來說，並不是每個人都這麼熟悉「性騷三法」所匡限的情境，而且，性騷擾可能用各種形式在不同環境中發生，更別說在性騷案件發生的當下，許多受害者都因為驚嚇或是對性騷行為分辨模糊，根本無法完整蒐證，進而分門別類。

不過，姚淑文也提醒，即使不是每個人都是法律知識王，遭到性騷時也不要驚慌，首先要記住對方實際行為以及周遭環境，以先能順利脫身為原則，後續的申訴調查流程雖然會因發生場域以及行為施行者身分而有差異，但不管如何，都可以先到警察局報案，收到案件的警察都會先詢問發生場域以及實際經過來派案給各個負責單位，因此不用擔心求助無門，最重要的是，要勇敢把不舒服說出來，讓大家能一起接住被害人，走出沉默的房間。

而處理性騷案件的公司、球隊或是學校，在接獲案件的當下，應該依照各從屬之「性騷三法」法源組成調查委員會啟動案件調查，並於一定期間內提出調查報告給政府裁罰主管機關，針對案件作出裁罰，當然，如果這些單位沒有按照法律規定進行調查程序，或是在期間運用權勢試圖掩蓋、脅迫，被害人都能依照「性騷三法」向主管機關舉報，依法給予懲罰。

面對體壇特殊的文化背景，怎麼做才能夠保護自己？有哪些外部資源可以運用？

我國在二〇一七年發布了「推廣女性參與體育運動白皮書」，期待達到健康女性、友善環境、運動培力三大願景，並且持續擴大女性運動能見度，但關鍵是，我們是否已經預備了一個安全、和善的環境讓大家能夠一同參與？

美國羅格斯大學（Rutgers University）的知名社會學者伊唯塔・傑魯巴維說：「『大象』之所以龐大，往往正是由於我們的沉默。沉默，打開了傷害的大門，成了加害者、違法犯紀者的一大武器；而打破沉默者往往受到排擠、誹謗、質疑可信度。一切殘酷和墮落，都『在黑暗中滋長』；要驅除它們，我們必須投以最明亮的光芒。」

舉例來說，對亂倫事件保持沉默，只會使得這樣的家庭互動日益惡化。曼德拉（Nelson Mandela）公開承認其子死於愛滋併發症，勸導南非人「公開談論那些因愛滋病過世的人」，藉此「宣導愛滋，不要隱瞞」，並呼應同性戀行動主義者早年提出的「沉默等於死亡」的警告，就提醒著我們，社會大眾對社會問題若沉默不語，只會使問題更加致命與擴散。

為了幫助民眾面對性騷擾不隱忍，政府及民間團體都提供許多服務，包含法律扶助諮詢以及心理諮商輔導，各地方市政府也設有性騷擾專線，都可於社會局網站上查詢，重點是不要把事件壓在心中，說出口，讓我們一起面對這隻在房間裡的大象。

圓桌體育大會
影片連結

❶ 下列哪一種法律適用於處理在教育場域發生的性騷擾案件？

Ⓐ 性別工作平等法
Ⓑ 性別平等教育法
Ⓒ 性騷擾防治法
Ⓓ 性別侵犯防治基本法

❷ 如果公司、球隊、或學校接獲性騷擾案件，他們必須採取哪個行動？

Ⓐ 馬上告訴媒體
Ⓑ 組成調查委員會並提出調查報告
Ⓒ 立即解僱涉案人員
Ⓓ 暫時忽略並觀察情況

❸ 下列哪一項是體壇的 #MeToo運動難以有燎原之勢的主要原因？

Ⓐ 體育界沒有性騷擾的問題

Ⓑ 體育界的訓練和生活環境相對封閉

Ⓒ 運動員不會遭受性騷擾

Ⓓ 運動員都知道該如何保護自己

❹ 根據文本，如果有人遭受性騷擾，他們應該怎麼做，以及他們可以找哪些資源求助？請列出至少三個步驟或資源。

18

超高齡化社會來臨——「不老」、「壯世代」體育參與該如何推動？

銀髮族舊思維讓五百萬有能力持續追求自我實現的人口，淪為只求生理安全等低層次需求的依賴者，這不只是個人的損失，也是國家社會的損失。壯世代新浪潮要讓這群人真正認知到自己的「壯」，持續生產與消費，追求豐盛的第三人生，才能突破既有規則，跳出死水循環，創造世代共好的新社會。

——壯世代教科文協會理事長　吳春城

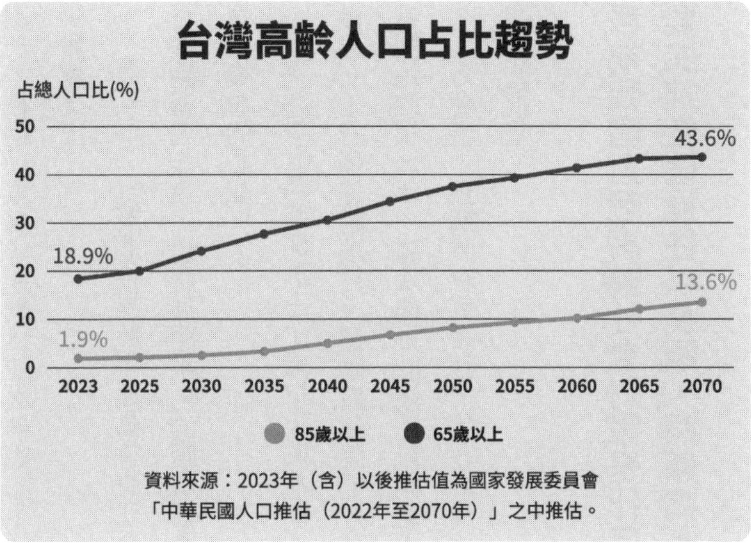

隨著國人健康意識抬頭，老年人口不斷攀升，根據國發會推測，台灣即將進入超高齡社會，六十五歲以上人口預估在二〇二五年超過二〇％，更不用說到二〇三四年，全台灣預估五十歲以上人口將占總人口的一半，也就是每兩位就會有一位年齡超過五十歲，如何讓「壯世代」持續在社會發揮價值，突破過去退休即養老的觀念，已經成為人口發展不可逃避的重大議題。對此，政府也積極響應WTO的「健康老化政策」，推動「促進國民健康計

劃」，鼓勵民眾養成運動休閒與健康的生活習慣，以降低未來老年疾病發生率與減少醫療支出。

而二〇二五雙北世界壯年運動會將在五月十七日至三十日舉行，二〇二四年二月啟動報名作業，也將展開系列的暖身活動，包括運動訓練營及體驗營等，加深民眾對賽會的認識。

本屆世壯運將開放三十歲以上的運動員報名參加，將在六十六座場館競技，並涵蓋三十五種運動項目，運動對健康的好處多多，二〇二五年同時是台灣超高齡社會開始的第一年，這次的世壯運可以說意義非凡，透過這次對二〇二五雙北世壯運的大力響應，預期將有更多壯世代在準備比賽的過程中，養成運動健身習慣，紮穩樂活的根基。

目前我國對超高齡社會對策是什麼？要如何突破過往以長照、照顧病老為主體的高齡政策框架？

大家聽到老人服務，就會覺得一定是老病、貧窮、弱勢的老人，才需要政府挹注資源在他們身上。早期的高齡政策大多是「殘補式」的社會福利（當家庭、市場功能失靈後，由國家社會福利政策介入扶助弱勢者），專注於服務病老、孤老、貧老。

但是在超高齡社會，一個人從六十五歲到離世，還有將近二十年的時間。六十五歲以上的人口當中，有臥床老人，也有健康老人。高齡政策不能只是將慈善、扶助弱勢的概念一體適用所有人。我們應該開始重視「預防照顧」，協助健康長者好好變老。

東海大學高齡健康與運動科學學程系主任吳昱寰來到「圓桌體育大會」分享，我國的長照政策經歷長照一．〇到二．〇未來甚至要邁向三．〇，核心價值就是強調事先的預防勝於狀況發生後的修補，因為在國家資源有限的情況下，當長輩衰老到疾病發生，甚至產生照顧、社會問題，都將造成社會支持系統更沉重的負荷，也因此在目前長照二．〇的規劃中，社區關懷據點成為一大主力，目的就是希望公私協力，在鄰里間就近服務，把可能正在衰退的長輩找出來，長照二．〇與一．〇最大的差別，除了擴增服務範圍外，就是將各自分立的照護服務，有系統的組建成相對完善的社區整體照顧模式，並透過層級分布規劃，將各式單位提供的服務由小到大串連，分成A、B、C三個等級，方便民眾在各鄉鎮區公所就能找到需要的幫助，精準針對需要提早提供相對應資源，而未來進展到長照三．〇，強調的將會是如何讓長輩有更好的身體狀態，在原來長照二．〇的基礎上持續升級，比如運用大數據以及更科學化的方式（例如高齡健身房）提升自己的健康，而這次二〇二五世壯運可能就會是一個很好推廣觀念的機會。

世壯運鼓勵熟齡民眾一起來參與，國內目前針對樂齡運動有哪些資源？還有什麼發展空間？

目前政府積極推動社區照顧關懷據點，據點內包含辦理運動課程，推動長者休閒運動風氣，預防及延緩失能並促進健康老化。以台北市為例，社會局持續布建社區照顧關懷據點，讓長者可就近到據點參加健康課程，並透過共餐增加社會互動，目前一共布建了五百多處據點，而據點就像是長者接收相關健康，或安全等資訊的平台，衛生局的健康服務中心和社區營養推廣中心都會與據點合作，透過課程或活動來推廣長者均衡健康飲食，以及日常保健。另外體育局辦理的樂齡運動巡迴指導團，也與據點合作，由體育局補助專業師資，到據點帶領長者中高齡體適能運動，增強長者肺活量、肌力。

但要推動社會參與，不能只有政府單位布建關懷據點，來自企業的支持也非常重要，畢竟政府資源有限，以目前普遍的狀況來看，經費多是補助給承接據點的里長辦公室或是民間團體，而政府補助杯水車薪，扣掉人事費、水電費以及作業事務費，還能剩下多少資源來優化課程也是一大問號，因此吳旻寰也提到，除了政府在政策面上的補助來支持文化的養成，創造出商業模式也是樂齡運動能否推動起來的關鍵要素。舉例來說，可以考量補助願意配合政府高齡政策的健身房，並設下考核標準，鼓勵業者一起來經營，透過民間的力量，慢慢養成民眾消費習慣，除了邀業者一起共創，近年來各大企業也持續推動聯合國永續發展目標（SDGs），面對超高齡化社會來到，許多企業也開始關注樂齡產業發展，政府可以與企業合作，提出倡議，也媒合更多企業資源進到社區當中，提供更豐富的服務。

「不老」、「壯世代」體育推廣，還能帶動哪些發展面向？

醫療保健、金融理財服務、休閒旅遊等領域都是近年常被討論的長者生活議題，而體育推廣更可以結合這些議題，互相連結共好。

以這次雙北承辦世壯運為例，辦理總費用預估為十六億台幣，跟二〇一七年世大運花費超過二百億相比還不到十分之一，但來參加的國內外選手經濟能力，普遍將比世大運的選手們要好得多，同時，由於世壯運的性質比較偏向全民參與，並非一般競技型賽會，參賽「壯世代」更可能不是單獨前來而是攜家帶眷一同來參與，目前估計，光外國來台參賽選手應該可達一萬五千人，連同親友一起將為台灣帶來約五萬名的入境旅客，假設每個人來台期間住宿旅遊花費二萬台幣，這群人合計在台消費將達到一百億之多，假若周邊再配合醫療保健、觀光等行程，帶出的經濟效益將是一個可觀的數字。

回到日常，許多產業也被看好結合「壯世代」需求來發展，其中一個新興的發展產業竟然是紡織業，由於近年參與路跑、單車以及運動活動的長輩數目大量增加，其中以我國兩千三百萬人口來估算，規律跑步人口就有約二〇五萬人，消費市場約九十億五千萬元，更別說加入其他項目後消費人口有多少，為要有更好的運動體驗，機能運動衣的需求不斷提升，紡織製作技術也因需求的刺激下持續進步，甚至機能布料市場也開發到國外，根據工研院IEK的報告顯示，全球四〇%登山滑雪服的戶外機能布料、五〇%的消防隊防火衣，以及數種全球知名運動服品牌的布料都來自我國。

近年「老幼」、「青銀」共融開始被關注，希望創造世代連結，在體育發展上有可能怎麼做？

近年來除了推動活躍老化，「老幼」、「青銀」共融也開始被關注，目的是，增加高齡者與年輕世代的互動，讓高齡者繼續學習，並且傳承智慧給年輕人，將其所長貢獻給社會，並且從年輕人身上學得適應社會的新科技，讓雙方都有收穫的情況下促進世代間的溝通，近年包含不老單車以及不老電競都是非常顯著的案例。

吳昱寰強調，要讓「老幼」、「青銀」共融說起來簡單，但要施行起來卻要有所講究，他舉例，青銀共居立意良好，希望年輕人可以輔助長輩，長輩可以給予年輕人家的溫暖，但最後卻常常產生因為生活上習慣不同不歡而散的結果，他認為，共融的前提是要預備一個合適的場域環境讓世代間自然產生對話，以長者肌力增能計劃為例，一開始並不是要求長輩進到健身房與年輕人一同做訓練，而是先設立任務給每個長輩與年輕人的小組，例如要一起騎單車完成一個路段的挑戰，在過程中，長輩的身體就自然會有體會，例如哪邊會痠痛，這時再進到健身房中針對痛點來做訓練，才會更有感覺，否則在世代間並不是這麼互相了解的狀態下，共融就只會成為一個口號。

圓桌體育大會
影片連結

❶ 在超高齡社會，長照政策應該強調什麼？

Ⓐ 慈善、扶助弱勢者

Ⓑ 社會福利政策介入弱勢者

Ⓒ 事先的預防勝於狀況發生後的修補

Ⓓ 將公私協力整合照護服務

❷ 政府積極推動社區照顧關懷據點的目的是？

Ⓐ 提供長者居住場所

Ⓑ 推廣健康課程和日常保健

Ⓒ 提供長者經濟補助

Ⓓ 增加政府的資源支出

❸「老幼」、「青銀」共融的目的是什麼？可能會面臨的挑戰是什麼？

19

職業球隊如何與在地做連結？運動帶動地方創生又該如何進行？

在地認同不是我要給你什麼，
而是成為你的一部分。

——夢想家教育基金會董事長　陳立宗

19
職業球隊如何與在地做連結？運動帶動地方創生又該如何進行？

近年來，台灣職業運動風起雲湧，從二〇一三世界棒球經典賽熱潮帶動中華職棒發展，到近年職業籃球聯盟的爆炸性突破，都讓更多人的目光開始被吸引，而其中的共通點除了超級流量密碼——啦啦隊外，其實還有一個更被長期討論的議題，就是球隊的屬地主義。

長期以來，不論職業籃球或是職業棒球，屬地主義似乎是一個華麗的口號，多數時間，球隊都是四海為家，例如以百萬象迷著稱的職棒中信兄弟象隊，在過去就以全國主場最為出名，落實屬地主義與地方連結聽起來高、大、尚，反而漸漸被束之高閣。但隨著職業運動產業競爭越加激烈，各職業球團也重新開始思考屬地主義有沒有可能創造更大的利益。

舉最近的例子，PLG聯盟「福爾摩沙夢想家」主場二〇二一年從彰化體育館改落腳台中洲際多功能運動中心，除了成立台中夢想家青年隊培養在地選手，還添購美國職籃NBA等級運動木地板，目標打造中台灣高規格場地，而夢想家也喊出以「大中部地區」的方式在經營球隊。面對大環境的變動與挑戰，持續嘗試與地方商圈文化連結確實是球團的生存之道，但職業球隊到底該如何與在地做連結？難道選定主場就已經跟在地連結完成了嗎？運動帶動地方商圈的活絡或是成為地方創生的企業典範，又有哪些可以思考的方向呢？

運動產業走進地方，到底是誰影響了誰？

運動產業要在地化就應該要跟在地產業連結，但在地產業為什麼需要跟你連結？再加上職業球隊多是由財團或企業組織而成，不一定能建立起在地居民對企業的球隊忠誠度。對此，樹冠影響力投資創辦人楊家彥在分享，想走入在地，看的是企業的取捨，如果一味的向消費市場靠攏，那就肯定只能待在都市而非地方，想要提升地方對企業的忠誠度，常見有三個做法：

1. 尋找一個有特殊資源的地方聚落，因為地方的特殊性與企業目標相符，容易產生關聯。

2. 把地方當成人才池，讓企業的人才養成靠地方凝聚，讓企業需要地方，才會留的久。

3. 深根地方公益，用公益活動與地方持續連結，看見需求，幫助需求，才會讓企業與地方真的靠近。

地方創生的定義是什麼也需要先被釐清，根據《推動台中市地方創生策略先驅研究成果報告書》中指出，「地方創生」是為協助地方發揮特色，吸引產業進駐、人口回流，繁榮地方，達成「均衡台灣」勞動力人口與高齡人口的振興地方國家戰略計劃。楊家彥認為，地方創生真正的格局與意義在於：「從整體觀的來思考一個讓人留下來的支持系統」，那麼夢想家來台中最希望做的在地連結是什麼？長期的計劃又是什麼？如何累積球隊在當地的歷史與文化傳承？以職棒為例，樂天桃猿從 Lamigo 球團二〇一一年北遷到桃園開始，至今也不過十多年，跟國外的職業運動底蘊確實還有差距，但即便如此，桃猿隊代表桃園，也已經累積出不少經典戰役與故事，這些都需要時間的堆疊才能看見。前夢想家青年隊行銷企劃楊佳儒也分享他真實的感受：「因為走入球員原生的南投的春陽部落，才讓他真的感受到資源的落差與不均，或許現在職業運動要能跟地方創生還太早，但或許先做到跟中小企業、地方商圈『共生』，可能是球團更該優先考慮的當務之急。」

職業隊的本質就是「用賽會創造商機」，有沒有好方法可以跟地方產生關聯呢？

你會問，知名度如職棒中信兄弟象，有全國主場光環加持，再加上國人對國球的情懷相輔相成，有流量就有商機，幹嘛還要談什麼在地經營或是地方創生？前體育署署長高俊雄撰文提出，運動賽會與產業引發的關聯效應有三個面向：

1. **向前關聯**：就是有了這項運動服務後，就有機會衍生發展出其他產品服務，因此，這項產品服務就如同推進器一般，例如精采的運動賽會可以衍生出現場運動觀賞、媒體運動觀賞、紀念品生產銷售、廣告製作與傳播、贊助等。

2. **向後關聯**：指的是要順利永續提供這項運動產品服務，必須先具備相關的基礎設施、人員、組織等，因此，這項產品服務就像是火車頭一般。例如籌辦運動賽會必須先具備運動員、運動團隊、運動場館設施、相關組織等；要成立運動俱樂部必須先備妥場地設施空間、運動休閒指導員，以及

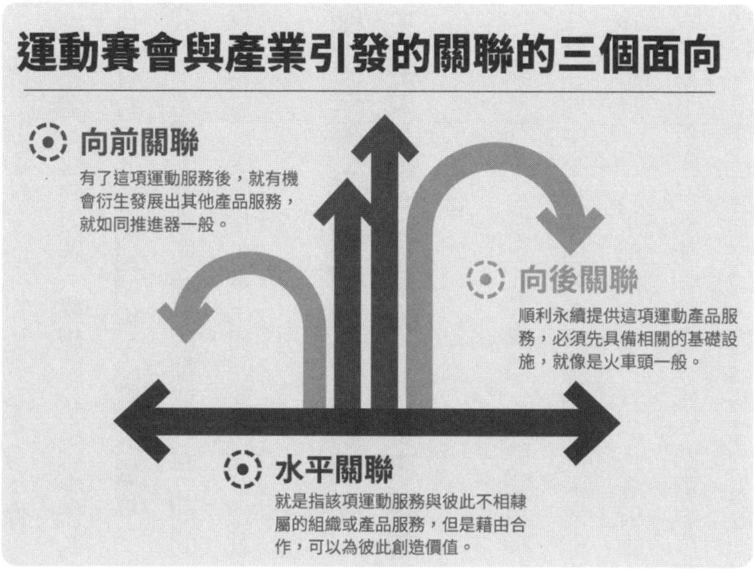
運動賽會與產業引發的關聯的三個面向
向前關聯
有了這項運動服務後，就有機會衍生發展出其他產品服務，就如同推進器一般。
向後關聯
順利永續提供這項運動產品服務，必須先具備相關的基礎設施，就像是火車頭一般。
水平關聯
就是指該項運動服務與彼此不相隸屬的組織或產品服務，但是藉由合作，可以為彼此創造價值。

運動健身器材。

3. 水平關聯：就是指該項運動服務與彼此不相隸屬的組織或產品服務，但是藉由合作，可以為彼此創造價值。

目前台灣社會運動休閒服務水平關聯的現象越來越多，例如綠島、澎湖、墾丁、東北角國家風景區等觀光旅遊地區內增設的運動設施、活動與服務，例如浮潛、攀岩、騎自行車等。

綜上所述，球團如果真要強調地方連結，或許更應該強化的是這三方面的關聯性，而非只是賽事本身；像是台中夢想家青年隊，透過跟學校的連結活絡在地，建立口碑，夢想家設定台中作為主場，就是希望使大台中人民都認同，在假日有一個可以連結親子關係的機會，同時也建立起自己的 Fans base（粉絲群），短期的賽事與商業活動或許有立即的產值，但只有時間才可以驗證你是不是真的有自己的風格，走出自己的格局，這就需要經營地方連結。

師出要有名，情懷認同要累積，主題日、地方企業聯名與賽事體驗更關鍵！

職業賽事，確實比賽贏球、招牌明星加持很是關鍵，但創造在地的情感連結，找到在地中小企業與地方產業的認同，才能長遠。看看美國職棒ＭＬＢ芝加哥小熊隊，超過一〇八年都沒能拿下世界大賽冠軍，直到二〇一六年才重返榮耀，死撐到現在寫下百年「輸球」傳奇，根本跟職業隊贏球的目標相距甚遠，小熊隊靠的是在地經營跟球迷撐過來的，這段輸球的失敗卻凝聚了球迷的認同感，小熊迷還會戲稱自己是「可愛的魯蛇，但永不放棄」。市民們為什麼沒有在過程中全部轉頭支持冠軍的白襪隊，因為贏球或許是最快吸引市民支持的方式，但在地化才是長期經營的關鍵。

聯盟或是公司可以另外切割出不同的部門或子公司來經營在地化嗎？可以！NBA在二〇〇五年十月成立了NBA Cares，透過球團的關懷行動，解決諸如教育、青少年與家庭發展、健康與保健等重要的社會問題，並進一步發展全球社會的公益活動；而NBA Cares的目的就不是營利，像是二〇一三年，印地安納溜馬隊的球員也在台北市立成功高中，藉由籃球活動為一百多位癌症與糖尿病病童加油打氣，也提升NBA的全球正面影響力。台灣職業運動的分工還沒有細到這個程度，當同一個人既要做集團經營，又要做地方關懷，自然會比較辛苦也很困難。

日本職籃（B League）或許有可借鏡的地方。日本職籃主場觀眾約在二千～六千人左右，大多數比賽都是二千～四千人之間，很少那種上萬人齊聲吶喊景象，這點相對來說台灣籃球迷其實更多。但日本職籃整合後發展依舊欣欣向榮，一級十八隊，二級十八隊，三級九隊，比照足球J聯盟模式採升降制度與發牌制度，二、三級球隊實力和比賽並不那麼精采，但球團與企業還是用心投入經營，賽事開打時，鋪天蓋地的文宣與網路社區的宣傳，讓球迷依然捧場。像是B League千葉噴射機是在二〇一一年球季加入BJ League聯盟，深耕基層，建立城市文化，打造在地英雄，球團每一年都與社區、學校、公益團隊緊密合作，千葉噴射機近幾年就是日本職籃最有人氣和最受歡迎球隊。B League每支球隊都在努力經營球隊特色，建立球隊文化，向下紮根，尤其是與地方企業合作，這種小而美，精緻細膩，標榜城市職業運動文化，為日本職業運動創造全新模式，符合日本產業、經濟體、社區生活型態和籃球定位，逐漸成為日本年輕球迷跟地方產業關注焦點。

運動是可以跨領域影響很多人的，如果企業真心想與地方結合，應該要把在地的議題變成你自己品牌經營的一部分，當形象建立起來了，整個在地的消費大眾才有可能因為認同你而支持你。表面功夫的公益行動不會深入，就不會感動人，只有跟企業本業結合的行動續航力夠，也才比較容易在地方生根，累積影響力。

❶ 根據文章，地方創生的主要目標是什麼？

Ⓐ 吸引更多的企業投資
Ⓑ 增加人口流動性
Ⓒ 達成勞動力人口與高齡人口均衡的國家戰略計劃
Ⓓ 提升地方對企業的忠誠度

❷ 根據文章，運動賽會與產業引發的關聯效應中的「向前關聯」是指什麼？

Ⓐ 運動產業與其他產業的相互合作
Ⓑ 產品服務的衍生與發展
Ⓒ 基礎設施和人員的支援
Ⓓ 不同組織間的合作創造價值

20 頂尖運動員，若有一天被「數位典藏」了，我該開心嗎？

寫下來吧！
當有一天你什麼都記不得的時候，
至少還有人會幫你記得這些人、這些事。

——吳念真《這些人，那些事》

20
頂尖運動員，若有一天被「數位典藏」了，我該開心嗎？

文物典藏感覺上像是把值得紀錄的光輝歲月、榮光傳承保留，但到底哪些該留？哪些不該留？很多東西尚無法明確定義。二〇二二年三月，體育署公告未來將大力推動運動文化數位典藏工作，且體育運動數位博物館在二〇二二年底上線，但是，推動體育文物典藏對民眾來說重要性是什麼？對提供文物的體育人而言，又有什麼好處呢？

「體育運動文化數位典藏計劃」聽起來高大上，但你知道立法院教育文化委員會過去從來沒有過體育文化提案，且目前文資法中無法列入體育文物，因為許多體育文物屬於私有財（個人的獎盃、鞋子、衣服等），因此主管機關只被要求六個月內做文資審議，列冊追蹤，但沒有後續的罰責跟實施細則，因此目前在「文物價值評估」上難度很高，且沒有法可以保障。而特別要注意，在文資法中的用語「列冊追蹤」指的是「有文資價值，但還未有文資身分」的物件，其實聽起來就像是被打入了冷宮，可能要等待好些時間才「有機會」再拿出來審議，想想要把你放在哪裡，但這樣不積極的作法，真的有助於提升體育運動風氣嗎？

換個角度想想，如果今天身為頂尖運動員的你，有一天你突然「被國家文物典藏」了，應該開心加尖叫嗎？體育文物盤點與數位典藏，跟一般文物又有何不同之處？體育文物保存跟辦體育活動有什麼不一樣？把文物丟進博物館恆溫吹冷氣，就完成古蹟或文物保存了嗎？到底我們應該要保存的是看得見的文物還是看不見的關係呢？如何讓體育文物以生動面貌重新活在市民的生活中？推動體育文物典藏對民眾來說重要性又是什麼呢？

文物呀文物，到底是誰說了算？

根據二〇一六年文化資產保存法的定義（以下簡稱文資法）：「文物屬於文化資產的一種，文化資產是指具有歷史、藝術、科學等文化價值，並經指定或登錄之有形及無形文化資產。」但令人好奇的是，到底「誰」才應該擁有對「遺產」跟「文物」的價值詮釋權？台灣過去至今的古蹟保存的制度化可以說是由兩種力量結合而產生的結果，一個是知識份子發展出來的台灣在地建築文化保存運動，二是國家面臨國族認同危機而發展出來的「本土化」政策。

回顧歷史，國家於七〇年代末期開始以「本土化」的新文化論述來緩和台灣本地的政治與文化異議運動，由建築界與其他文化領域共同催生的古蹟保存運動則與國家政策相結合。在這個歷史脈絡跟時代架構下，其實文化保存只要涉及社會主義思想跟政治文化獨立有關的內容，過去是被嚴格管控的，這就是為何原住民文化無法被列入古蹟而以文化園區來定義，或者是二二八事件跟日本殖民統治時期的歷史無法被紀錄成古蹟的原因。所以說起來「文物保存」、「古蹟文化」這件事是非常複雜的。

體育文物盤點與數位典藏，跟一般的文物又有何不同之處？

如果細細思考會發現，「體育運動＋文物」其實是一個矛盾的存在，因為競技運動很少在乎你的過去，只在乎你現在的表現。試想，民眾會想要知道一百公尺十年前跑最快的是誰？還是只想知道現在誰跑得最快？奧林匹克格言的更快、更高、更強，這個「更」瞄準的都是未來，而運動遺產（Legacy）談了很多，但往往舉出的例子都是運動場館的維護跟環保建築材料等，為什麼呢？因歷史建築本身時間的延續性就比人、比競技選手的成績來得更長更久，這天然的矛盾，讓台灣體育文物保存（尤其是運動選手的私人文物典藏）難以受到重視，再加上台灣短短一一三年的建國歷程，運動參賽時又有國名爭議喧擾不休，直到與國際奧會在一九八一年三月二十三日簽訂「奧會模式」，確定中文名稱後才終於底定，若這樣算來，短短三十多年出賽才終於有個名字叫做「中華代表隊」（但仍持續有像東京奧運正名運動跟巴黎奧運正名運動爭議），當「認同」都還沒建立時，就要來談「文物保存」，體育文物典藏這件事確實很難立即讓民眾有感。

但有意思的是，一九八一奧會模式簽訂這一年，政府才在行政院下成立了文化建設委員會（文建會）來總管文化事務，同時指派文化人類學者陳奇祿為首任主任委員。隔年一九八二年，行政院通過了文化資產保存法（文資法），將文化資產界定為考古遺址、古蹟、古物、民俗藝術與自然景觀五大類。其中的古蹟一項界定了建築物保存的定義與認定標準。一九八四年政府公告了文化資產保存法細則。如果說建築物的物質遺產保存從一九八四年起才正式有法條細責規範，體育遺產或是非物質文化遺產，在台灣可能還有一段路要走。

不過換個角度來看，現在如果你開始投入體育文物典藏（目前是台南大學體育系陳耀宏主任負責體育運動文物盤點計劃），將會讓你以先行者之姿，第一手的接觸文物，做好資料的盤點修整，為體育文物創造一個特殊的歷史特殊節點，要不然，體育歷史就會煙消雲散。就像是英國考古學家克里斯・蒂利（C. Tilley）有句名言說道：「**地圖上沒有名字的地方，像是一個空白的空間。**」

很多歷史無法被保留，是因為我們沒有為其創造一個歷史的記憶點，沒有這段記憶點，文物的「消失」自然就沒人會「惋惜」，正如同你不會為你早餐時吃掉放在冰箱上緣左排第三顆雞蛋感到惋惜一樣。

身為頂尖運動員的你，若有一天你「被文物典藏」了？該開心嗎？

不過既然大家都會說傳承體育文化很重要，把運動的知識、文化、活動加值很好，體育是國力，國力更要將文化深根，那就應該一呼百應，大家一起來成就這件美事不是嗎？為什麼推動起來很無力呢？筆者認為，很可能這些私人擁有的體育文物，對頂尖運動員來說，如果有一天你被「文物典藏」了，不一定開心的起來有關。

想像一下，如果有一天你發現自己是楊傳廣再世，別說十項全能了，你更是戰無不勝的奧運金牌得主，有鑑於我們對「體育文物典藏」的價值觀，希望把你「好好保存」，因此希望你承諾將你跟這場賽事相關的所有物件「典藏」起來，你願意把你的獎牌等代表性「體育文物」捐到指定的博物館，還是會想要放在自己家中跟子子孫孫每年過年時分享呢？

根據資料，楊傳廣在民國四十九（一九六〇）年羅馬奧運會所獲得的十項銀牌是華人參加奧運會的第一面獎牌，由定居在美國的家屬保管，民國一〇七（二〇一八）年七月，楊傳廣長子楊世運先生專程從美國送回台灣捐贈予國家運動訓練中心典藏，間隔了五十八年後典藏，我們很少究其原因，卻直接宣布這是體育文物典藏的大躍進？其實在情、理、法（也沒有法），甚至沒有獎勵制度的狀況下，要選手將其一生的榮耀捐出來？確實很難讓人有行動力。

體育文物保存跟辦體育活動有什麼不一樣嗎？如果是數位典藏但為什麼不要就典藏新聞畫面跟專訪就好呢？

既然文資法還沒有列入，那麼如果不典藏文物，典藏數位資料總可以了吧？的確，這也是體育署自二〇〇九年著手籌劃體育文物數位博物館，以「數位典藏」、「公開展示」、「文化傳承」、「學術研究」、「未來加值應用」為核心目標，藉

體育運動文化數位化成果應用概念

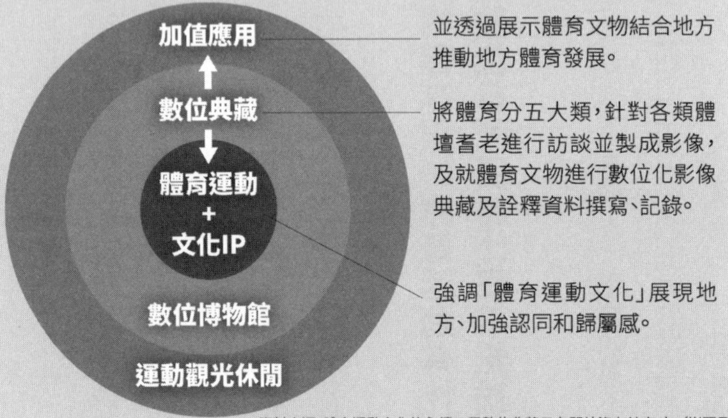
加值應用
數位典藏
體育運動
+
文化IP
數位博物館
運動觀光休閒
並透過展示體育文物結合地方推動地方體育發展。
將體育分五大類，針對各類體壇耆老進行訪談並製成影像，及就體育文物進行數位化影像典藏及詮釋資料撰寫、記錄。
強調「體育運動文化」展現地方、加強認同和歸屬感。

資料來源：體育運動文化的永續工程數位典藏只有開始沒有結束 文／謝顯丞

由口述歷史及文物徵集的方式，將體壇耆老或代表人物歷年之相關主題出版物、老照片、影音、記憶訪談進行典藏，並藉由數位化手法，逐步堆砌成果，達到展示、教育、典藏及研究等功能，亦成為「體育文物數位博物館」網站內容擴充的根基，配合現有「體育文物數位博物館」，消除時空和地域限制，各階層人士都能接觸相關學習，從二〇一七年啟動後，依照五大項目將體育分類成學校體育、社會體育、運動賽會、奧林匹克以及傳統體育等五大類，希望能夠打造出體育運動的文化IP，配合數位典藏跟運動觀光休閒加值，可以推廣地方特色並且活化地方。

感覺上政府想要透過典藏豐富活化地方，但我們有沒有辦法不只是瘋狂的在大量蒐集文物，而是能知其所以然的讓古體育文物再現風華？名詞的體育文化，是已故的光輝歲月，動詞的運動文化，是生動活在生活中的樣貌。如果能夠明列跟明確化保存文物對體育圈的好處是什麼？相信大家還是會願意支持或買單，每個人都知道體育文物的保存是我們大家的責任，但文化遺產也是公共財，絕不該把重擔放在某一個人身上，但也絕不應該價值審議、判斷的標準都是某一群人說了算？運動員文化典藏是不是需要有個委員會？讓我們知道是誰審議？如何讓體育文物以生動面貌重新活在市民的生活中？其實更是我們應該思考的核心問題。

把文物丟進博物館恆溫吹冷氣，就完成古蹟或文物保存了嗎？

不過如果回到如何讓體育文物以生動面貌重新活在市民的生活中？這個更為本質的問題，請你細細回想，你知道台灣的很多古蹟，保存到後來都變成咖啡廳或餐廳，你覺得是為什麼呢？

因為徒具形式的保留相對容易，但人跟物品、人與空間之間的脈絡卻難以留存，原因很多，可能因為政權交替、安全考量、天災人禍等遺失了脈絡，徒具形式的空殼縱然保留了，又能讓多少人真的會為它駐足感動？筆者瀏覽國訓中心、國民體育季刊等資料，都強調：「文物展出對選手有激勵的作用」，但國訓中心或校園展覽空間，人流高的地方造成校園管理上的困難，人流少或乾脆封起來沒人看，那保留文物又是為了什麼？想激勵誰呢？其實真的很兩難。

究竟我們可以怎麼做？到底我們該保存的是什麼？

綜觀資料後，我們的觀點是，其實真正要保存的不是文物，而是「人與文物之間的關係」。一個獎牌或文物不會突然被一個陌生人喜歡，除非你能說出一段好的故事，創造文物跟人之間的「關係」，甚至用數位影像珍藏這段關係，或許才是最值得保存，也最可以讓之後的人從文物中照見自己。

對待文物或許要像對待生命一樣的去尊重；但你會尊重一個人，其實是建立在你跟他的關係之上，如果沒有那一層「關係」，一個人眼中的文物很可能被另一個人棄若敝屣。換句話說，如果所有的物品最終都將成為文物，那我們到底又要有一個多大的「空間」把所有的歷史文物都「裝」進去呢？那雙挑選的手，挑選的標準，又在哪裡呢？

早期古蹟保存運動的領導者、同時也身為建築師與環保作家的馬以工便曾經如此描述她對台灣這個成長環境的感覺：「很久以前我也相信一些說法，像是『藝術無國界』、『世界公民』、『在美與在台灣只要愛國都一樣』，我可以拿著相機拍自由女神，拍佛蒙特州的楓葉，但是很奇怪的是我在美國三年，竟然寫不出一個字。」（馬以工，一九九一：一九九，引用於陳昭英，一九九八：一三七）

馬以工表達的是在藝術創作過程中，獨特的鄉土經驗與生活對創作者的重要性。懷著這種對於鄉土的熱情，馬以工在七〇年代回到台灣推動她對古蹟保存與自然保育的理念。對她來說，傳統的環境營造之所以重要，是因為人們可以以之為媒介來了解歷史，她的這段話更是描寫出土地、家鄉跟人的關係，才是連動的關鍵。

在體育文化跟體育文物保存之上，綜看歷史，古蹟保存則需考查它與全球文化經濟流動之間的關係。從這個角度看，台灣光是古蹟保存要比其他國族國家更複雜，因為它涉及了台灣在全球社會中身分的不確定性。歷史從來就不是由帝王將相，或是大神、天才來決定的，歷史也從不是一個人的事，你我看起來既微小又無力，卻又是如此的身在其中。

我想，在一個全球文化與經濟互動強度更大的二十一世紀，台灣要如何保留跟推動體育運動文化數位典藏，如何媒合文化與產業間的合作？豐富文化記憶清單？創造新的永續價值？是需要創新跟展現出勇於面對複雜世界的勇氣，其實相當不容易，只要開始了，我們也可以是那寫歷史跟留下體育文物的人，因為我們存在的每一個當下，也都是歷史。

圓桌體育大會
影片連結

❶ 體育文物典藏的主要目的是什麼？

Ⓐ 保存運動的歷史

Ⓑ 激勵年輕選手

Ⓒ 促進體育文化的傳承

Ⓓ 所有以上選項

❷ 頂尖運動員將獎牌捐贈給博物館可能的原因是什麼？

Ⓐ 提高自己的知名度

Ⓑ 與家人共享記憶

Ⓒ 促進體育文化的傳承

Ⓓ 作為收藏品增值

❸ 你認為博物館和其他公共空間應如何呈現文物，以便賦予它們更深層的意義？

❹ 如果運動文化數位典藏可以制度化，你覺得得到哪些回饋（有形、無形）你會願意貢獻你私人的體育收藏呢？

參考資料：

體育運動文化數位典藏網站 https://iweb.sa.gov.tw/
體育署推運動文化數位典藏 https://sports.ettoday.net/news/2210396

21

運動彩券營業額屢創佳績，博弈是支持體育的好方法嗎？

金錢願意為懂得運用它的人工作。

——佚名

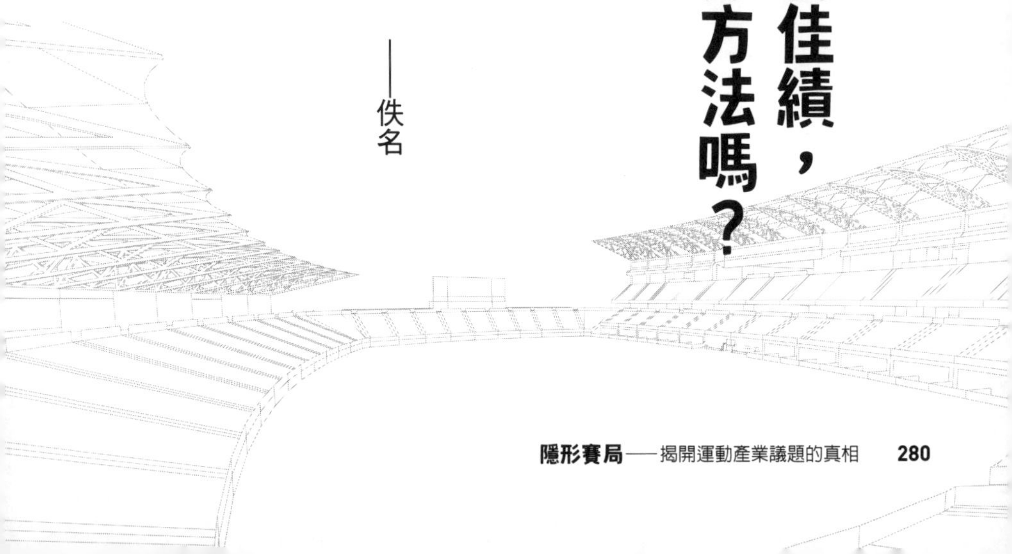

近年來運動彩券，藉由精采賽事，讓營業額屢創佳績，二〇二二年因為世界盃足球賽，首次突破六百億，而第三屆運動彩券十年發行權再次由威剛科技公司取得，不斷創下新高的銷售額也讓不少人也想加入運彩經銷商行列，二〇二三年七月也輪到十年一次的經銷商遴選，一萬七千家投標者、總計要抽出二千名正取名額，競爭激烈，中籤率只有十二．八%。

運動彩券依照《運動彩券發行條例》發行，由公開甄選的發行機構負責發行。台灣運動彩券自二〇〇八年五月起發行，每十年一屆，第一屆運動彩券發行機構為台北富邦銀行，第二屆運動彩券發行機構為威剛科技，目的是為了振興國內體育，每張運動彩券都會提撥一〇%的金額作為運動發展基金及公益之用，促進國內體育的發展，主要用途有五大項，包括「運動人才培訓」、「運動產業發展」、「國際體育交流」、「運動場館維護」及「基層運動推廣」。

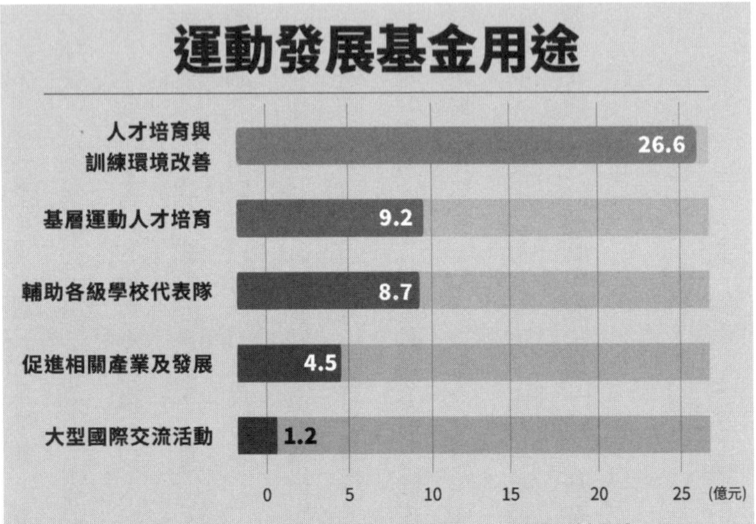

資料來源：體育署《111年運動統計》、公視新聞網《買運彩真能振興體育？一文了解運彩盈餘去哪兒》

目前我國運動彩券的經營模式是什麼？發行機構又是如何分潤？

在台灣，運彩是特許行業，合法化後主管機關透過公開遴選發行機構，由發行機構對運彩的發行、管理、銷售負全權責任，分潤模式則是獎金支出七八%，剩下的二二%盈餘中，發行成本費用占一二%（分別分給經銷商六・二五%，發行機構拿取五・二五%，剩餘〇．五%做為發行準備金），主管機關教育部體育署則是最大贏家，拿取一〇%挹注於運動發展基金。只要台灣運彩銷售金額愈大，能夠貢獻運發基金，及照顧經銷商家庭生計的動能就愈強。

運彩盈餘所挹注的運動發展基金，是我國選手、教練背後的重要後勤支援，運動發展基金，年度績效指標包含以下項目：

1. 與選手直接相關的：

①優秀選手培訓
②選手輔導照顧
③教練素質提升
④運動訓練科學化程度

2. 組織層面：其他項目如組織預算執行與創新發展等等，亦兼及組織的永續發展考量，作為評鑑項目。

在還沒有運彩之前，國家體育預算大概是五十億，扣掉行政費用、人事費用，能夠調配的大概只剩下十億，對於全國體育發展以及運動員養成可以說是杯水車薪。比較如今，光去年運彩就產生六〇二億的營收額，體育署就可以拿到其中的一〇%，也就是六十億左右，再加上本來就有編列的國家體育預算，預計於二〇二四年體育整體經費預計將編列超過一百六十億元，也就是在運彩出現前的三倍之多。台灣彩券與博彩研究中心主任劉代洋教授在圓桌體育大會分享，他從二〇〇一年就開始參與運彩的規劃建置，包含出國考察美英香港等地，根據各國經驗配合國情，草擬了整體計劃，最關鍵的目的就是要如何開源籌措糧草，讓巧婦不落入無米之炊。

支撐運彩公司的業績發展有哪些要素？威剛投入運動彩券經營是否有哪些突破與改變？

台灣運彩從二〇〇八年到二〇二二年十四年期間，成長了十二倍，從一年五十億的營收額成長到六百億，台灣運彩總經理林博泰就分享了業績發展以及突破的關鍵。

❶第一屆發行機構給予的寶貴經驗，讓運彩公司少走了一些冤枉路

為了讓一千六百位經銷商支持虛擬投注，運彩公司一開始就跟經銷商在合約裡載明，「虛擬會員的投注，幾乎都回饋給經銷商，甚至有的經銷商拿到的比經營實體投注站的比率還多」。「經銷商晚上即使睡覺沒開門，客人虛擬投注，都還是算經銷商的收入」。有別於第一屆運動彩券時代，投注站、網站、交易風險控管等三大系統，分屬不同的三個機構，運彩公司堅持單一系統商的路線，以免延緩產品推出時程。

❷做好最壞的準備，有能力因應突發變局

台灣運彩一年有大約五．五萬場賽事可供投注，平均每天一百多場，二〇二〇年三月十二日，NBA美國職籃因新冠疫情宣布無限期延賽，掀起骨牌效應，但運彩公司三月十三日就把緊急應變計劃送進體育署，三月十六日獲得核准。林博泰分

享，「緊急應變計劃最主要精神一定要有賽事」，原本不在發行計劃的東歐、非洲、中亞，甚至南美洲國家賽事，只要還有在踢、有在打的，都緊急申請獲准發行。但為對彩迷來說，從NBA、MLB的大菜，變成玩名不見經傳國家的賭注，衝突感很大，於是運彩公司就向體育署爭取放寬七八%獎金支出率上限，以及把平常累積的〇．五%發行準備金拿出來加碼，能在NBA宣布無限期延賽的隔天就緊急應變，是因為早已預作準備。

❸適時導入新科技

疫情下，民眾宅在家，運彩公司二〇二一年推出Mobile ID，讓申請虛擬下注的會員，透過手機就能快速完成身分驗證，把以往需要兩天的核對身份作業變成不到兩個小時，大大提升線上會員的申請量，也把線上投注的占比拉升至超過整體投注金額的三成。

台灣彩券與博彩研究中心主任劉代洋教授在圓桌體育大會上分享，運彩一路走來其實都是邊做邊學，而且政府的角色應該就是負好監管的責任，不要做過多的干預。技術以及消費者體驗突破也是必須要追求的目標，以二〇二二年世足就賣了一〇二億為例，運彩對於現場轉播跟現場投注的直播連線非常有關係，但由於各國有時差，因此網路投注的便利性就非常重要，為了系統優化，技術廠商找的是希臘的Intralot公司，世界上最大的娛樂投注跟彩卷發行管理的系統商，做統一的系統管理以及更新，以及賠率要訂多少，這些都要透過運算跟縝密的資訊搜集才能完成，確保消費者有最即時的資訊以及友善的體驗。

未來隨著運彩持續發展，在環境中還有哪些是需要突破跟改善的？

劉代洋教授認為，運動彩券的成長幅度會漸漸趨緩，要能突破現狀，虛擬投注的軟硬體設備如果能避免塞車的狀況，會員將可以更快速完成動作，投注的量就可以持續提升。在運動彩券經銷商方面，他則認為應該要用專業的角度來經營，無論是行銷或是顧客關係維護，經銷商必須要有更多的專業知識，包含發行管理的法規、教育訓練等等，都需要持續的優化、落實，並且每年都要做教育訓練。

而運動彩券其實就是莊家跟玩家之間的賭注，跟樂透憑運氣中獎不同，如果你對運動賽事研究透徹，了解球隊的組成跟狀況，就會相對容易在下注時贏過莊家，而投注闖兩關、闖三關，獲利的機會就會提高，因此運動彩券要玩是需要有運動專業，絕對不能夠靠運氣，也有可能發展成，有人希望贏錢因此回頭去了解球隊的近況、表現、過去的成績等等，這些都是幫助全民參與運動的好事，但劉代洋教授也提醒，運彩投注要避免成癮，因為運動彩券的目的，是幫助我們能透過參與運動休閒娛樂的心，讓政府可以發展體育，在台灣，你每買十元就會有一元是給政府幫助體育推動，並且協助選手發展，你不但賺了錢，又同時捐了錢，投注運彩，金額不用太大，而是越多人來關注，並且讓運動發展得更好。

配合聯合國責任博彩的概念，運動投注不要過度，而是在能力範圍內成為休閒娛樂。博弈行為應該是個對自己負責任的行為，不能因為自己的博弈把生活費用花光，反而應該就像是參加音樂表演、觀看賽事的花費一樣，小賭怡情，又可以為國家體育盡上心力，才是健康的運彩參與之道。

運動彩券的目標是希望可以控制地下賭盤金流，要怎麼做才可以有效解決問題？

之所以投注者會參與地下賭盤，最大的原因就是獲利豐厚，如果真的讓你過關，地下賭盤獎金支出率達到九五％，而運彩的卻只有七八％，但高利潤伴隨高風險，地下賭盤成本很低因為很多投注莊家是無本經銷商，不需要軟硬體的系統維護，也不需要眾多管理的分潤，但地下賭盤風險卻非常高，也因為賠率高，有可能莊家輸錢就直接落跑，對玩家非常沒有保障。

確實，人容易向利益高的地方靠攏，但背後所要承擔的風險卻需要把關，更何況地下賭盤已經有許多傷害體育環境的例子（像是假球事件），這都是為何要遠離地下賭盤的原因。雖然，合法的運彩並無法全面杜絕地下賭盤的問題，但劉代洋教授認為，只要台灣運彩越做越好，對於地下的賭盤就會有排擠作用，不只台灣，美國二〇〇八年開始已經有二十多個洲讓運動彩券合法化，地下投注勢必會繼續存在，但政府帶頭進行合法的管制，將能慢慢扭轉天平，將整個環境導回正軌，最重要的事，要運用運動博弈的金流持續挹注體育產業發展，產生更多可能性，你我都能一起參與成為關鍵推手，讓體育事業繼續茁壯。

圓桌體育大會
影片連結

21
運動彩券營業額屢創佳績，博弈是支持體育的好方法嗎？

❶ 運彩的盈餘對於國家體育最重要的影響是什麼？

Ⓐ 使國家體育預算增加三倍
Ⓑ 增加運動員的培訓和輔導資金
Ⓒ 減少地下賭盤的存在
Ⓓ 創造更多的博彩機會

❷ 根據劉代洋教授的觀點，對於運動彩券的投注，以下哪個觀點是正確的？

Ⓐ 靠運氣的因素比專業知識更重要
Ⓑ 專業知識可以幫助玩家在下注時贏過莊家
Ⓒ 運動彩券的目的是為了賺錢，不需要關心運動發展
Ⓓ 運動彩券的目的是為了讓大家喜歡賭博

❸ 你認為運動彩券對台灣的體育發展有正面還是負面的影響？請根據文本，給出你的觀點並說明原因。

結論

「圓桌體育大會」，用多元運動時事，擴張我們看世界的角度

其實在生成式AI、假新聞充斥的今天，擁有獨立思辨的能力，是現代人面對社會最強大的武器，如果可以在學生時期就裝備起來，勤加練習，一定能夠擺脫心理學上的「基本歸因謬誤」。

擺脫過於簡單化處理訊息的「基本歸因謬誤」

舉例來說，假設你是個足球教練，有一次，你的助教帶隊在一場比賽中慘敗，

你可能會說：「為什麼會輸得這麼慘呢？一定是因為他的策略太差，平時的訓練計劃也不夠周密，對球隊不夠用心。」然而，當你親自指揮的一場比賽也遭受失敗，你可能會說：「我的策略是沒問題的，輸球純粹是因為我們遇到了不利的天氣、球員受傷或是裁判誤判等客觀不利因素影響。」對於自己的失敗，我們總是願意尋找各種複雜的原因來解釋，但當看到別人的失敗，我們往往會一概而論，認為他的能力不足、策略有誤，或是簡單的認為他不夠稱職。

上述情況，你對他人的失敗進行了簡單化歸因，將其歸咎於個人特質或性格不足（內部因素），而對於自己的失敗，則傾向於考慮各種環境情境、客觀的因素（外部因素）。這正是一種「基本歸因謬誤」的表現。我們傾向於對自己的行為給予較為複雜和全面的解釋，而對其他人則較容易一概而論。這也就是為何長輩們常說要「善解」，善解並不是原諒，而是主動去理解對方的複雜。例如親身去拜訪店家詢問取得第一手資訊，進行事實調查，或是最少做到對方資訊完整的查證，我們才能更公平、更全面地評價自己和他人，進而做出更理智的判斷。

馬克·吐溫曾說：「當你發現自己和大多數人站在一邊，你就應該停下來反思一下。」群眾共同從事的行為，不代表一定是理智上正確的，保有獨立思考的思辨力，才能安全自保。在 AI 這個大趨勢下，機器正在快速地學習和模仿人類的行為和思維，但它們很難真正理解和具有獨立思考的能力。正因為如此，當機器可能只會根據數據和算法做出判斷時，人類的思辨能力和獨特的見解就成了我們在這個世界中最有價值的武器。不斷地培養和加強這一能力，能夠幫助我們在這個變動不居的時代中，保持清晰的頭腦，做出明智的選擇。

由「校外體育系」與「中華民國運動員生涯規劃發展協會」共同製作的線上運動教育平台「圓桌體育大會」，就是想每週四晚上八點三十分，透過體育時事議題解析，帶你用一個小時時間，逐步用問題拆解、堆疊出運動教育樣貌，而持續的積累就形成了這本書。書中借鏡直播邀請到的專家朋友，透過提問討論讓思考角度延伸，影片與文字紀錄都會在「運動視界」平台保存紀錄，就是要讓更多熱愛體育的人，看見體育圈更多元的可能性。

製作了三年，剖析「圓桌體育大會」有以下三大特色：

特色一 每週一次體育時事議題解析，逐步堆疊出運動教育樣貌

「每週四晚上八點半，一起關心體育時事話題，讓你想聊運動時有個伴！」行銷文案背後，確實就是創立圓桌體育大會的初衷。「圓桌」roundtable指的是一群不同背景的人，用平等的身分齊聚討論同一個議題，就是希望資訊可以做到多元、多視角、平等且去中心化的議題討論，透過線上的會面彼此交流學習。

從台灣疫情爆發二〇二〇年的六月開始，我們將實體討論活動開始轉為線上，透過google meet 平台，每週用一個半小時跟大家用白板互動、留言、討論持續五個月，辦理了二

十場線上運動論壇，有些場次還破兩百人同時在線參加；二〇二一年三月開始改用YouTube直播方式與網友們互動，少了留言板的留言、討論、回覆的趣味性，卻也讓議題深度加深，內容更聚焦，能夠在一小時內將一個議題清楚討論，透過每週一次體育時事議題解析，逐步堆疊出運動教育樣貌。直播後的影像紀錄皆會留存，讓體育教育互動跟討論的火苗，可以持續下去。

特色二 邀請領域專家朋友，三段內容三組提問，讓思考角度開放延伸

圓桌體育大會的進行方式，除了由「校外體育系」的創辦人歐嘉竣與「中華民國運動員生涯規劃發展協會」理事長曾荃鈺雙搭主持外，針對不同的議題邀請專家擔任「**飛行嘉賓**」，針對提出的問題進行實務上的討論跟迷思破除。曾邀請過奧運選手張嘉哲、地方創生影響力投資的楊家彥執行長、故事前主編胡川安老師、板中教學卓越體育老師楊幸鈞、PLG球團總經理張樹人、CIDA中華民國工業設計協會理事長Jimmy張漢寧、運動經紀人Silvia、國體大產經系主任王凱立、金牌賽事行銷

陳庭郁，甚至在東京帕運期間與選手村剛比完賽的選手們連線等，活化對議題的深度與趣味性。

在討論內容上，每週的直播議題都會分成至少三大段，每段的標題由「問句」組成，透過將新聞時事議題分析拆解，並且提出問題的過程，是再次梳理的過程，也可以幫助我們對議題的掌握更全面，深度更豐富；而「飛行嘉賓」則會針對我們提出的問題跟段落描述進行回應，可以是同意我們的觀點，或是不同意我們的觀點，對我們跟聽眾來說，都是一次角度開放，面向多元性的展開。

特色三 文字與影音同步，保存數位紀錄，累積網路議題資源

體育資料除了賽事籤表、政治口水戰跟成績獎項宣達外，有沒有機會針對體育議題進行「**探究思考**」的可能呢？圓桌體育大會就是透過探究式提問延伸議題的討論深度，從事實跟現象推演，逐步建構我們對議題的理解。

例如觀察到運動聯盟先後推出NFT作品，反思創新NFT商品你會買單嗎？運動NFT未來還有哪些可能？邀請開了一間NFT相關公司的分布文化創辦人陳思翰來聊；觀察到體育署大力推運動文化數位典藏，反思數位典藏對體育圈有什麼影響？好處是什麼？運動風氣會因此提升

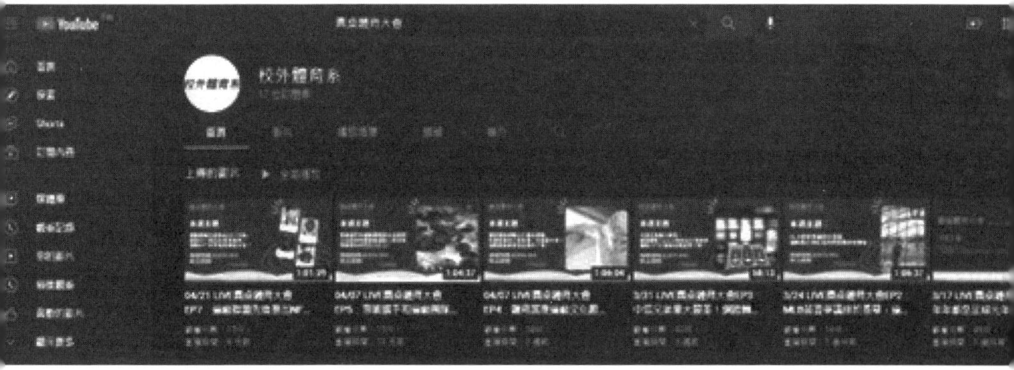

嗎？並邀請文化銀行創辦人邵瑷婷來為我們解析文化保存；觀察到美國職棒MLB勞資爭議落幕的結局，反思台灣運動員必須知道的勞資關係有哪些？並邀請中華職棒球員工會副主任葉子彧蒞臨討論。

透過討論讓直播的影片跟文字整理變成數位紀錄留存，無論是否是「標準答案」，但是累積討論議題的資源跟多元觀點，輸出觀點跟做出行動，其實遠比標準答案來得更重要。歡迎大家上網搜尋「圓桌體育大會」就可以在運動視界找到所有相關資訊。歡迎在校外體育系的 Youtube 頻道或是臉書搜尋中華民國運動員生涯規劃發展協會、或校外體育系粉專，就可以上線收看直播或回放囉！

運動教育的目的，是要讓更多熱愛體育的人看見多元的可能性

在網路普及跟知識爆炸的時代，確定性的知識將會越來越少，因為所有的事情都在飛速的演化中；而且過去認知的事實、經驗也正在逐漸被打破或是相互矛盾，

這時候該怎麼辦？保持對知識的暢通跟頭腦的開放性，在未來將會越來越重要，也只有你的認知越多元，腦袋升級的越快，才越有機會應對未來的挑戰，這也正是查理．蒙格提出的「多元思維模型」。

面對複雜多變的未來，有的人喜歡追逐技術的浪潮，有些人選擇安靜的經營做好一件事，有人喜歡專注於一項手藝，有人選擇雜學頻頻抓住機會，每條道路都有機會通向你想要的生活，已經沒有絕對的對與錯，你可以把它視為是我們這個世代人新的學習挑戰，也可以視為是時代餽贈給現代人的禮物，就像是瑞．達利歐在《原則》一書中開頭的第一句話說道：

「不管我一生中取得了多大的成功，其主要的原因都不是我知道多少事情，而是我知道在無知的情況下自己應該怎麼做。」

怎麼做？保持開放，運用多元的思維模型跟多元視角看待事物，是未來的必備，也是圓桌體育大會要為體育圈掀起的改變跟修練，期待大家在網路的大草原上四處奔跑，跟著自己的興趣與需求，用旺盛的好奇心去參與、行動、學習，了解體育世界的多元面貌。

特別感謝運動視界平台，成為圓桌體育大會呈現的舞台，讓更多元的運動視角被看見。也感謝信仰上、工作上的好夥伴婁華誠、歐嘉竣一起堅持，在數位時代下勇敢嘗試，走一條沒人走過的路。

圓桌體育大會線上體育教育交流平台三位共同發起人，在台灣疫情爆發期間雖少有碰面，但透過每週一次圓桌體育大會串聯，期待用自己小小的力量，為體育圈持續發聲。（照片左起為婁華誠、曾荃鈺、歐嘉竣）

隱形賽局
揭開運動產業議題的真相

國家圖書館出版品預行編目（CIP）資料

隱形賽局：揭開運動產業議題的真相／曾荃鈺、歐嘉竣著．-- 初版．-- 臺北市：健行文化出版事業有限公司出版：九歌出版社有限公司發行，2024.01

304 面；14.8×21 公分．--（愛生活；074）

ISBN 978-626-7207-51-2（平裝）

479.2　　　　112020193

作　　者——曾荃鈺、歐嘉竣
繪　　圖——婁華誠
責任編輯——曾敏英
發 行 人——蔡澤蘋
出　　版——健行文化出版事業有限公司
台北市 105 八德路 3 段 12 巷 57 弄 40 號
電話／ 02-25776564・傳真／ 02-25789205
郵政劃撥／ 0112295-1

九歌文學網　www.chiuko.com.tw

排　　版——綠貝殼資訊有限公司
印　　刷——晨捷印製股份有限公司
法律顧問——龍躍天律師・蕭雄淋律師・董安丹律師
發　　行——九歌出版社有限公司
台北市 105 八德路 3 段 12 巷 57 弄 40 號
電話／ 02-25776564・傳真／ 02-25789205
初　　版——2024 年 1 月
初版二印——2024 年 4 月
定　　價——400 元
書　　號——0207074
I S B N——978-626-7207-51-2
9786267207505 (PDF)
9786267207529 (EPUB)